Arnd Bremer
Trial, Scaler & Crawler
Komponenten, Zubehör und Selbstbau

Trial, Scaler & Crawler

Komponenten, Zubehör und Selbstbau

Arnd Bremer

Verlag für Technik und Handwerk neue Medien GmbH
Baden-Baden

vth-Fachbuch
Best.-Nr.: 310 2223

Redaktion: Oliver Bothmann
Lektorat: Alfred Klüß

Bibliografische Information der Deutschen Nationalbibliothek
Die Deutsche Nationalbibliothek verzeichnet diese Publikation in der Deutschen Nationalbibliografie; detaillierte bibliografische Daten sind im Internet über http://dnb.d-nb.de abrufbar.

ISBN 978-3-88180-438-7
© 1. Auflage 2012 by Verlag für Technik und Handwerk neue Medien GmbH
Postfach 22 74, 76492 Baden-Baden

Alle Rechte, besonders das der Übersetzung, vorbehalten. Nachdruck und Vervielfältigung von Text und Abbildungen, auch auszugsweise, nur mit ausdrücklicher Genehmigung des Verlages.

Printed in Germany
Druck: Griebsch & Rochol Druck GmbH, Hamm

Inhaltsverzeichnis

Zum Autor 9

Einleitung: Es ist lange her..10
Was geht ab? 13

Benötigte Ausstattung 17
Die RC-Anlage..17
Der Fahrregler 18
Das Servo 18
Der E-Motor 18
Das Getriebe 19
Der Akku 20
Das Ladegerät 21
Das Werkzeug 21

Komponenten und Zubehör 23

Die Achsen 25
Aufbau einer Starrachse 25
T-REX 60..26
Worminator 28
Portalachsen 30
AP-Achsen 30
Spanien olé! 32

Die Lenkung 36
Drehschemellenkung...36
Panzerlenkung...36
Knicklenkung...36
Achsschenkellenkung 37
In der Praxis 38

Der Servo steht im Weg..38
Darf es eine Achse mehr sein?..39
Mehr Power an der Lenkung 41
Zusammenfassung...41

Reifen und Felgen – die unendliche Geschichte 42
Die Felge 42
Die Größen 43
Scale-Größen...44
Der richtige Reifen für die jeweilige Anwendung..44
Crawler 45
Scaler und Trialer 45
Eigene Reifen 47

Iveco Massif 48
Woraus soll er entstehen?...49
Der Neuanfang..50
Die Rohform ist fertig 51
Das soll genügen?..51
Auf zum Formenbau 52
Die harte Form ist einsatzbereit 52
Auslösen der Karosserie 53
Aufkleber und Kennzeichen müssen sein...54
Das Chassis 55
Der Fahrer nimmt Platz...55

Keep it simple but strong 57
Erste Überlegungen 57
Die Karosserie 58
Das Fahrwerk 59
Federung wird überbewertet..61
Das Verteilergetriebe 61
Ein neuer Motor 62
Regler- und Motordaten 63
Die Reifen..63

Unimog – Universal Motor Gerät 416 66
Der Rahmen 66
Der neue Rahmen 67
Die Achsen..69
Die Schubrohre..71
Aufhängung der Achsen 72
Der Powerblock..74
Die Fahrerkabine..75
Die Zukunft..76

Wie wäre es mit einer Achse mehr? 77
Kleine Achskonfigurationlehre..78
Die Sache mit den Achsen 79
Aus zwei mach eins..82
Bausätze 83

Vom Crawler zum Scaler 84
Das Original..84
Demontage und Umbau..85

Axial Wraith „Der Rock Racer" 89
RTR..89
Der erste Eindruck 89
Die Vorderachse 93
Kreuzgelenke in der Antriebsachse..94
Die Stoßdämpfer 95
Der Akkukofferraum 95
Einschalten und Los 95
Die Funke 96
Die erste Fahrt..96
Raus in die Natur 96
Ein Berggeist?...96
Hügel, ich komme..99
Tuning?..99
Crossover, einer für alles 99

Trailfinder 2 von RC4WD 100
Die Verpackung..100
Der erste Kontakt...100
Endlich im Keller 101
Die Getriebe..102
Die Kardanwellen 103
Die Yota-Achsen...103
Die Reifen und Felgen...104
Nun geht es endlich ans Bauen..105
Der Leiterrahmen...105
Die Aufhängung...107
Montage der Achsen..107
Erste Testfahrt im Keller 108
Die Karosserie 109
Die Individualisierung..112
Der Weg in die Felsen 116
RTR Vertreter 117
Einstufung als ARTR 119
The competition is calling 120

Die Unterschiede zwischen MOA und Shafty? 121
Die Achsen 124
BTA 124
Die Spurweite 124
Die Achsaufhängung 125
Felgen und Reifen 126
Fazit 130

Danksagung..131

Zum Autor

Name: Arnd Bremer
Geboren: 1968 in Grevenbroich
Familienstand: Verheiratet, zwei Kinder

Seit 1996 betreibe ich wieder Modellbau. Als Kind habe ich Revell-Bausätze gebaut, später als Jugendlicher habe ich RC-Autos besessen. Des Weiteren auch schon immer Geländefahrzeuge, da mein Elternhaus an einer Kopfsteinpflasterstraße liegt. Dies schlief jedoch aufgrund anderer Interessen ein. 1997 bin ich über eine Annonce in der TRUCKmodell auf den Unimog von Lothar Husemann aufmerksam geworden. Mit diesem habe ich 1998 erstmalig am Trial in Sinsheim teilgenommen. Dieser Unimog wurde mehrfach überarbeitet und später gegen einen Deutz ausgetauscht. Auf den Deutz folgte der Faun L908SA, der immer noch im Einsatz ist. Ich gehöre zum Gründungskreis der IG Modell-Truck-Trial und bin mitverantwortlich für das Regelwerk, da ich dem Ältestenrat angehöre. Seit 2004 betreue und moderiere ich im Team den TRUCKmodell-Trial, der in den Action-Offroad-Parcours übergegangen ist.

Einleitung:
Es ist lange her...

...dass sich ein paar Modellbauer mit ihren Fahrzeugen das zutrauten, was die großen Originale damals auch erst ganz frisch taten: Langsam durch schweres Gelände schleichen. Schnell wurde bis dahin im Gelände schon immer gefahren. Rallyes in all ihren Varianten standen schon immer hoch im Kurs und auch die Modellgemeinde hatte dort ihre Ableger. Es wurde also gemütlicher im Offroad-Bereich, wobei gemütlich eigentlich das falsche Wort ist, denn Kraft und Traktion haben mit Gemütlichkeit wenig zu tun.

Und wenn Zuschauer durch Steinbrüche stapfen um ihren Helden zu folgen, dann hat das mehr mit einer Bergtour zu tun als mit einem gemütlichen Sonntag auf der Couch. Und doch ist Gemütlichkeit treffend, da die Hektik fehlt. Es geht zeitlich geruhsamer zu. Es wird nicht der besten Zeit nachgehetzt. Es geht darum überhaupt am Ziel anzukommen und das

Der Deutz 4×4 im Steinbruch bei Osnabrück

Gutes Schuhwerk ist Pflicht bei Offroad-Veranstaltungen

mit möglichst wenigen Fehlerpunkten. Am Anfang taten dies die beiden bis dato bekannten Modellsportarten Trial und Scaler noch gemeinsam. Es wurde noch nicht zwischen Trucks und Geländewagen unterschieden. Dafür war die Gemeinde zu klein. Von Crawlern war damals noch nicht die Rede, wenn auch bei einigen Konstruktionen, damals noch überwiegend Eigenbauten, enorme Verschränkungen schon zu beobachten waren.

Die Wege von Geländewagen und Trucks trennten sich dann. Wobei der Übergang vom Geländewagen zum LKW durchaus fließend ist. Ein Unimog wird gemeinhin in Europa als Laster anerkannt, wobei ein Vertreter der ältesten Generation von Böhringer leichter und kleiner ist als ein Hummer, der als Geländewagen eingestuft wird – eine schwierige Entscheidung. Die Regelwerke versuchten sich der Entwicklung durch die Modellbauer immer wieder anzupassen. Dies ist nichts besonderes, dies geschieht immer wieder auch in anderen Motorsportarten. Irgendjemand findet eine Lücke im Regelwerk und schlägt daraus seinen Vorteil. Andere Wettbewerber begehren auf und die Regelschreiber reagieren. Aus dieser Situation heraus haben sich im Laufe der Zeit verschiedene Interpretationen der Modellsportart Trucktrial ergeben. Die Modellbauer, die räumlich nah beieinander sind und regelmäßig zusammen fahren haben ihr Regelwerk auf ihre Fahrzeuge und ihre Überzeugung angepasst. Der Grundgedanke ist jeweils geblieben. Nur im Detail unterscheiden sich die Regelwerke. Wer sein Modell einem Originalfahrzeug nachempfindet, der wird immer und überall mitfahren können.

Die Geländewagenmodellbauer machten aus der Not eine Tugend und einige findige Zeitgenossen gründeten Trophys. Hier wurde besonders wert auf die Optik gelegt und dieser Punkt floss in die Gesamtwertung mit ein. Unterstützt wurde der Ruf nach mehr Detailfreude vom Gesamtmarkt. Es gibt kaum ein Zubehör was es nicht gibt. Als wichtigstes Extra ist na-

Torsten Sellmer in Ahlhorn mit seinem 6×6

Scaler und Trialer in Sinsheim

Scaler lieben die Vielfalt

türlich die Winde (Winch) zu nennen, ohne die sich kaum ein Geländewagen ins Gelände traut. Verschiedenste Karosserien, auch von Spielzeugen, passten und passen auf die Fahrgestelle. Die Gemeinde der Scaler, so werden sie zwischenzeitlich genannt, wuchs dank der Unterstützung der Industrie schneller als erwartet. Auf Messen stellt man in Gesprächen immer wieder fest, dass viele Fahrer von Geländewagen auch gerne ihr Fahrzeug im Kleinen hätten. Auch der Wunsch, sich ein Stück Vergangenheit zurück zu holen, spielt eine große Rolle. Aber auch der umgekehrte Weg ist zu beobachten. Nicht wenige Fahrer von Scalern wechseln in der großen Welt in den 4×4-Sektor und fahren aus Überzeugung einen Offroader.

Am Anfang belächelt drangen die Crawler, englisch für „Schleicher", in den gemütlichen Offroad-Markt vor. Diese Fahrzeuggattung war in Europa bis dahin unbeachtet geblieben. So etwas hatte man hier noch nicht gesehen. Zwei Achsen an einem futuristischen Rahmen so verbunden, dass es aussieht als würden sich die Achsen um den Rahmen bis zum Überschlag verdrehen. Und das Gelände, in das sich die Fahrzeuge vorwagen, ist für Trialer und Sclaer einfach zu heftig. Durch ihre freistehenden Räder und die karikierte Karosserie ist kaum ein Stein zu hoch und eine Wand zu steil. Für alle drei Sparten gibt es zwischenzeitlich mehr Wettbewerbe als hier gelistet werden könnten. Ein paar große Treffen sollen jedoch nicht unerwähnt bleiben.

Was geht ab?

Im Scaler-Bereich hat sich die CTC (Cologne Trial Company) einen Namen gemacht. Seit ein paar Jahren gilt es die CTC Trophy zu erfah-

Verschränkung hat einen Namen: Crawler

Greasypete bei der Siegerehrung

ren. Die ersten Jahre trafen sich die Scaler in der Eifel, genauer in Waldheim Schlagstein, um dieses „letzte Abenteuer des Geländefahrens" zu bestreiten. Danach wurde die Location gewechselt, um den Reiz hoch zu halten. Diese Veranstaltung steht für scaliges Fahren in schwierigem Gelände und geht über ein ganzes Wochenende. Die Idee hinter der CTC ist ausführlich auf deren Webseite www.ctctrophy.de erläutert, lässt sich aber in einem Satz von Ilja zusammenfassen: „Es machen wie die 1:1er, oder eben so nah dran, so realistisch wie möglich!"

Die Crawler pilgerten zum Felsenmeer in die Nähe von Heppenheim im wunderschönen Odenwald. Hier in der Nähe der Vettelstadt fand in Lichtenberg das Crawler-Ereignis im jährlichen Rock-Crawl-Zirkus statt. Nachdem das Felsenmeer zum Naturschutzgebiet erklärt wurde, wurde eine neue Location gesucht und gefunden. Im Steinbruch Imberg, in unmittelbarer Nähe zur Burgruine Hohensyburg, fanden die Crawler ab 2012 ein neues Zuhause.

Der Supercrawl bildet den Höhepunkt nach diversen Vorläufen. Die Besten der Besten treffen sich hier, um ihre Crawler der artgerechten Haltung zuzuführen. Neben dem Crawler-Wettbewerb findet an dem Wochenende auch immer ein lockeres Scaler-Treffen statt, der Scalerun. Damit alles in geregelten Bahnen abgeht, hat sich die GRCCA (German RC-Crawling Association) gebildet. Unter www.grcca.de findet man detaillierte Informationen zu Regelwerk und Terminen. Im Regelwerk werden auch die speziellen Begriffe erklärt, die im Crawling Verwendung finden. Es zeigt sich, dass diese Modellsportart amerikanischem Ursprungs ist und somit die anglizistische Wortwahl den Vorzug erhält. Im Trialbereich gibt es Wettbewerbe über das ganze Land verteilt. Ein großes Ereignis ist die Europameisterschaft, die an wechselnden Orten durchgeführt wird. Der deutsche Austragungsort ist auf dem Gelände der IGMTT Brechen. Brechen liegt in der Nähe von Limburg an der A3. Der Internationale Charakter dieser Veranstaltung wird nicht nur durch den Namen der Veranstaltung unterstrichen, sondern auch durch die Teilnehmer aus großen Teilen Europas. Durch die in Sinsheim entstandene Modelbaufreundschaft zu Tschechien wurde auch bereits ein Lauf, dieser zwei Tage dauernden Veranstaltung, in Marienbad (CS) ausgefahren.

Fahrgelände der EM in Brechen

Wettbewerbsfahrer finden somit das ganze Jahr über ihre Fahrmöglichkeit in den einzelnen Wettbewerben der einzelnen Klassen. Wohin sollen sich die Modellfahrer wenden, die nur so gerne durchs Gelände fahren und sich dennoch mit anderen austauschen möchten?

Action Offroad Parcours Karlsruhe

Dieser Gedanke wurde nach dem räumlichen Wechsel von Sinsheim nach Karlsruhe von der IG Modell-Truck-Trial aufgenommen und der „Action Offroad Parcours" auf der Faszination Modellbau ins Leben gerufen. Die ersten beiden Jahre waren bereits von großer Resonanz geprägt und wurden somit auf die zweite große Messe im Süden nach Friedrichshafen ausgeweitet. Hier können die Aktiven und die Zuschauer alle drei gemütlichen Offroad-Sparten sehen und begutachten. Welche Modellsportart nun für jeden die richtige ist, muss jeder für sich selbst entscheiden. Ein Entscheidungspunkt sollte dabei nicht außer Acht gelassen werden; welches Gelände hat der Modellbauer für sich zur Verfügung. Ein Fahrzeug zu bauen oder zu erwerben und es dann nicht artgerecht zu bewegen, verdirbt auf Dauer den Spaß und der sollte doch immer an erster Stelle stehen.

Benötigte Ausstattung

Man wird immer wieder gefragt was man für den Betrieb eines Fahrmodells benötigt. Hier eine kleine Zusammenstellung der Grundausstattung. Erfahrene Modellbauer können diesen Teil schnell überfliegen oder ganz auslassen. Lassen wir das Fahrzeug erstmal außer Betracht. Dazu kommen wir später detaillierter.

Die RC-Anlage

Eine Selbstverständlichkeit direkt zu Anfang: Wir benötigen einen Sender und den entsprechenden Empfänger. Zum Betrieb eines einfachen Fahrzeuges sind gemeinhin nur Kanäle für vor-/rückwärts und links/rechts von Nöten. Wer später noch Zusatzfunktionen einbauen möchte, der sollte nicht zu knapp kalkulieren. Für die zuerst genannten Funktionen ist eine Pistolensteuerung mit Lenkrad als ausreichend zu betrachten, eine einfache Knüppelsteuerung erfüllt denselben Zweck. Eine reine Geschmacksfrage, welche Steuerung in diesem Segment genommen wird.

Bei Land- und Wasserfahrzeugen sollte bei der Steuerung beim Neukauf auf 2,4 GHz gesetzt werden. Gegenüber den bisher üblichen 40 MHz und 27 MHz ergibt sich der Vorteil der fast unendlichen Anzahl an Kanälen. Insbesondere bei größeren Veranstaltungen ist dies ein Segen. Der sicherheitsrelevante Nachteil von Funkschatten und der geringeren Reichweite ist hier zu vernachlässigen. In der Regel stehen

F14 als Vertreter der Knüppelsteuerung und Losi Pistolenfunke

wir als Fahrer nah am Fahrzeug, da wir sonst die Bodenbeschaffenheit und die Hindernisse nicht einsehen können.

In der globalisierten Welt ist eine solche Anlage auch schnell mit einem Mausklick gekauft. Dabei ist zu beachten, dass die Anlage der in Deutschland gültigen Norm entspricht. Die Strahlungsleistung darf maximal 100 mW

(EIRP; Equivalent Isotropic Radiated Power) nicht übersteigen. Selbstredend benötigt eine solche Funkanlage Strom, der in Form von Batterien bzw. Akkus geliefert werden muss. Im Fahrzeug sorgt der Empfänger für das Verteilen der Befehle auf die einzelnen Komponenten.

Der Fahrregler

Wir sprechen hier ja von Elektrofahrzeugen. Der E-Motor muss also in irgendeiner Form geregelt werden. Zur Steuerung bedarf es des ESC (Electronic Speed Control), dem elektronischen Fahrregler. Er ist auch für die Stromversorgung über das BEC (Battery Eliminator Circuit) zuständig. Das BEC regelt die vom Fahrakku gelieferte Spannung (7,2 bis 12 V) auf 5 V herunter und versorgt darüber Empfänger und Servos. Der Fahrregler muss der Spannung des Akkus und des Motors entsprechend gewählt werden. Dazu kommt die Qual der Wahl, ob mit Bürstenmotoren oder bürstenlosem Motor (Brushless) gefahren werden soll. Der Fahrregler sollte feinfühlig arbeiten und das BEC sollte genügend Leistung liefern, da das Lenkservo in schwerem Gelände versorgt werden will.

Das Servo

Womit wir auch schon beim nächsten Kandidaten sind, dem Servo. Der Servo ist in unserem Fall erstmal an der Lenkung verbaut. Da wir uns nur in schwerem Gelände aufhalten, ist Kraft nie genug vorhanden. In den hier besprochenen Fahrzeugen werden in der Regel Servos in Standardgröße verbaut werden. Bei Trialtrucks können auch schon größere Servos oder Eigenbau-Lenkgetriebe zum Einsatz kommen, wenn der nötige Platz im Fahrzeug vorhanden ist. Bei der Auswahl des Servos wird auch bestimmt der Blick in den Geldbeutel eine gehörige Mitsprache haben. Kräftige Servos kosten auch kräftig Geld, weit über 100 € sind durchaus möglich. Ob das sein muss, muss jeder selbst für sich entscheiden.

Der E-Motor

Bei vielen RTR-Modellfahrzeugen ist nur der einfachste Motor, die 540er „Silberbüchse", verbaut. Dieser Motor reicht für den Antrieb, bietet aber nicht die besten Fahrleistungen. Es wird schnell der Ruf nach mehr Leistung laut werden. Im Bereich der Bürstenmotoren emp-

Brushless-Regler und passender Motor

12-V-Servo mit Servonaut OPTO-HV, direkter Strom-Versorgung

fehlen sich die Crawler-Motoren mit 35 Turns und höher. Mit Turns ist die Anzahl der Windungen beim E-Motor benannt, je weniger Windungen, je mehr Drehzahl und je weniger Drehmoment. Durch die hohe Windungszahl erreicht man somit höheres Drehmoment und geringere Drehzahl. Beides wird im gemütlichen Offroad-Bereich gerne gesehen. Neben diesen Crawler-Motoren gibt es des Weiteren die Motoren aus dem Truck-Bereich, Truckpuller und Co kommen mit 80 Turns daher.

Immer mehr im Kommen sind die bürstenlosen Motoren, auch „Brushless" genannt. Diese bieten immense Kraft und Drehzahl. Beim Einsatz eines solches Motors sollte man unbedingt darauf achten, ob der Antriebsstrang der Leistung gewachsen ist. Alles muss aufeinander abgestimmt sein, ansonsten gibt das schwächste Glied nach und die Sache geht schnell ins Geld. Bei Brushless-Motoren wird zwischen sensorgesteuert und sensorlos unterschieden. Sensorgesteuerte Brushless-Motoren übermitteln die Lage des Stators an den Regler. Das Cogging, das Anrucken des Motors aus dem

Bürstenmotoren mit unterschiedlichen Wicklungen

Stillstand heraus wird hierdurch unterbunden. Sensorgesteuerte Bruhshless-Motoren benötigen ein zweites mehradriges Kabel um die Daten der Hall-Sensoren an den Regler zu übermitteln. Benannt sind die Sensoren nach Edwin Herbert Hall, einem US-amerikanischen Physiker.

Das Getriebe
Neben der Nutzung eines Motors mit großem Drehmoment kann zur Reduzierung der Dreh-

Reduziergetriebe für Motoren der 540er-Bauart

zahl und zur Erhöhung des Drehmoments mit Hilfe eines Reduziergetriebes die Drehzahl vor dem eigentlichen Getriebe angepasst werden.

Der Akku

So ein Motor braucht natürlich auch Energie, die in Form von Akkumulatoren (Akkus) zur Verfügung gestellt wird. Die Zeit der NiCD (Nickel Cadmium) ist abgelaufen. Diese Form der Stromspeicher ist von der EU verboten worden. Der direkte Ersatz sind NiMH (Nickel Metall Hydrid), die ebenfalls 1,2 V pro Zelle, aufweisen. Aktueller Stand der Technik sind LiPo-Akkus (Lithium Polymer). Es handelt sich hierbei um eine Weiterentwicklung des Lithium-Ionen-Akkus. LiPo-Akkus weisen eine etwas andere Spannungslage als die bisher bekannten Akkutypen auf. Jede Zelle wird mit einer Nennspannung von 3,7 V angeben. Mehrer Zellen zusammen ergeben dann den fertigen Akku. In der Regel werden mehrere Zel-

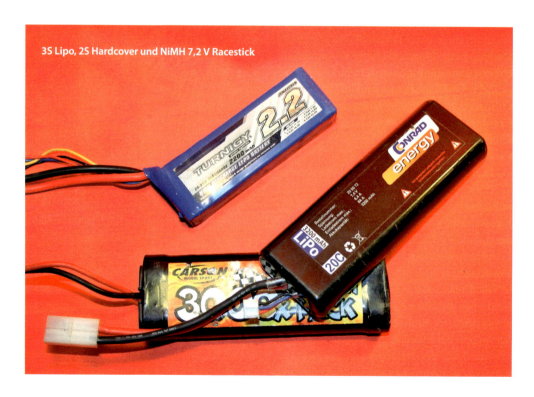

3S Lipo, 2S Hardcover und NiMH 7,2 V Racestick

len zusammengeschlossen. Gängige Größen bei Offroad-Fahrzeugen sind 2S und 3S mit einer Spannung von 7,4 V bzw. 11,1 V. Die Bezeichnung der Zellenzahl mit Ziffer +S hat sich erst mit den LiPos eingebürgert. Diese Bezeichnung ist aber eigentlich auch für die früheren Akkus richtig. „S" steht für die Zelle und die Ziffer davor für die Anzahl der Zellen. Ein Racestick NiMh mit 7,2 V ist folglich ein 6S1P.

Wofür steht jetzt das P? Zellen gleicher Bauart können sowohl hintereinander, 2S, 3S, etc, gekoppelt werden als auch parallel. Diese Schaltung erhöht nicht die Spannung, sondern die Kapazität. Ein 2S2P ist somit ein Akku bestehend aus zwei identischen Akku-Packs. Neben den Angaben der Spannung in Volt und der Kapazität in mAh (Milliampere Stunden) steht eine Dritte Angabe auf den Akkus. „C" steht für das Verhältnis von Kapazität und der Belastbarkeit. 15C steht für den 15-fachen Wert der Kapazität, mit der der Akku belastet werden kann. Bei 1.000 mAh kann dieser Akku mit 15 A Endladestrom belastet werden. LiPos sind etwas mit Vorsicht zu genießen. Im Extremfall können diese Akkus überhitzen und Feuer fangen. Daher ist ein entsprechendes Ladegerät unumgänglich. Schutzmaßnahmen, in Form von feuerfesten Ladetaschen sind empfehlenswert.

Sicherer aber auch seltener im Modellbau sind LiFePO4-Akkus (Lithium-Eisen-Phosphat). Der Prozess des „thermischen Durchgehens" ist bei diesen Akkutypen nicht zu beobachten. Leider ist die Zellenspannung mit 3,3 V abermals abweichend von der bisher im Modellbau gewohnten Spannung. Als Senderakku eignet sich dieser Akkutyp gut als Ersatz für in die Jahre gekommene NiMH 8S mit 9,6 V.

Das Ladegerät

Wer LiPos einsetzen möchte, kommt um ein entsprechendes Ladegerät nicht herum. Neben dem Hauptladekabel besitzen Lithium-Poymer-Akkumulatoren ein zweites Kabel mit geringerem Querschnitt zur Überwachung der einzelnen Zellen. Einige Ladegeräte besitzen bereits die Anschlussmöglichkeit für dieses Überwachungskabel, bei anderen Ladegeräten ist ein Balancer als Zubehör von Nöten. In beiden Fällen wird die Spannung der einzelnen Zellen kontrolliert und gleichmäßig geladen. Bei der Serienfertigung der Zellen kann es zu Schwankungen kommen, die so ausgeglichen werden. Wenn das Ladegerät nur die Gesamtspannung des Akkus misst, kann eine schwächere Zelle ohne Balancer Schaden nehmen. Im Fahrzeug empfiehlt sich eine Unterspannungsanzeige, die gut von außen sichtbar ist, oder im Idealfall „den Hahn zudreht" und somit den Akku vor Beschädigung schützt.

Das Werkzeug

Das sind in grober Übersicht die Teile, die neben dem Fahrzeug benötigt werden. Dazu gesellt sich das normale Werkzeug wie Schlitz- und Kreuzschraubendreher, Zangen, Schraubenschlüssel, Inbusschlüssel, etc. Ein wenig Öl und Fett sollten auch nicht fehlen. Nicht zu vergessen der Schraubensicherungslack, damit die Schraubverbindungen im Gelände nicht aufgehen. Es ist mehr als ärgerlich, wenn im Gelände eine Mutter den Weg ins Gras findet. Die Ausfahrt ist dann in der Regel beendet.

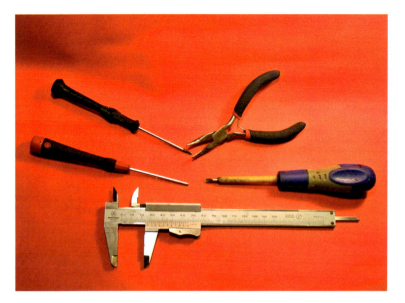

Schieblehre,
Inbusschlüssel,
Schraubendreher
und Spitzzange

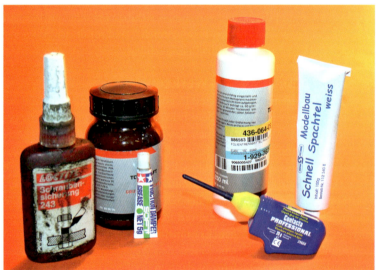

Ein wenig Chemie
gehört auch dazu

Komponenten und Zubehör

In den Anfängen des gemütlichen Offroads gab es nur eine Möglichkeit dieses Hobby zu betreiben. Man konnte noch nicht auf fertige Fahrzeuge zurückgreifen und musste daher selbst die einzelnen Komponenten zu einem Fahrzeug zusammenfügen. „Was benötige ich eigentlich für ein einfaches Fahrzeug?", ist eine immer wiederkehrende Frage. Die Antwort darauf ist relativ einfach. Neben den zuvor genannten allgemeinen Komponenten benötige ich für ein einfaches Fahrzeug, die in Tabelle 1 auf der nächsten Seite, genannten weiteren Bestandteile.

So oder ähnlich, sah und sieht die Einkaufsliste für einen Scaler oder Trialer aus. Für einen Crawler gestalten sich der Rahmen und die Aufhängung der Achsen aufwendiger. Heute ist der Einstieg um ein Vielfaches einfacher. In allen drei Segmenten gibt es zwischenzeitlich

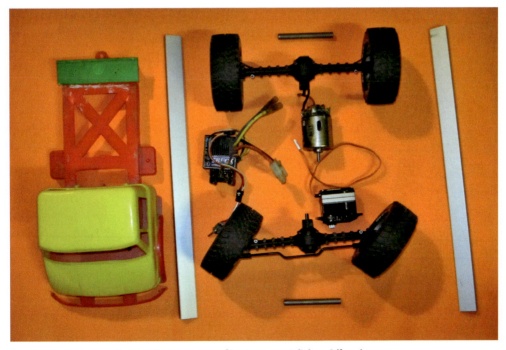

So oder ähnlich sehen die Grundkomponenten für einen gemütlichen Offroader aus

Tabelle 1: Fahrzeugkomponenten

Zwei Achsen:	eine Vorderachse, lenkbar / eine Hinterachse, ungelenkt
Fahrzeugrahmen:	Aluwinkel aus dem Baumarkt, Kabelkanal
Motor:	E-Motor (brushed / brushless)
Getriebe:	mindestens zwei Zahnräder in einem Gehäuse
Antriebsstrang:	Kardanwellen
Elektronik:	Fahrregler, Servo, etc

Einsteigermodelle. Es wird hier unterschieden zwischen:

- RTR – ready to run
  fertig zum Fahren, Akku rein und los
- ARTR – almost ready to run
  fast fertig zum Fahren, es muss noch geschraubt werden
- KIT-Bausatz
  alles muss zusammengesetzt werden
- Eigenbau – siehe oben

Die Achsen

Im Bereich Achsen hat sich eine Menge getan. Für den Crawler- und Scaler-Bereich werden die verschiedensten Achsen von der Industrie angeboten und können auch für die Trialer genutzt werden. Jede Achse kann hier nicht vorgestellt werden, dass würde den Rahmen sprengen. Ich werde hier nur eine Auswahl an Achsen zeigen und vorstellen können.

Aufbau einer Starrachse

Schauen wir uns am Beispiel einer Starrachse den Aufbau der gelenkten Achse näher an: Zwei Achsschalen bilden in der Regel den Achskörper. Dieser beinhaltet und trägt die Lager, die wiederum die Welle reibungsarm rotieren lässt. Bei Fahrzeugen für den Straßenbetrieb ist zwischen der rechten und linken Wellenhälfte das

Achsschalen, Achsschenkel, Wellen und Kugellager

Ausgleichsgetriebe, auch Differential genannt, verbaut. Dieses Differentialgetriebe, erstmalig gezeichnet von Leonardo da Vinci, gleicht die unterschiedlichen Weglängen aus, die die Räder auf ihren unterschiedlichen Kreisbahnen zurücklegen. Bei einfachen Off-Road-Achsen wird dieses Getriebe weggelassen. Bei aufwendigen Konstruktionen ist das Differential sperrbar ausgelegt. Damit die Räder bewegt werden können und somit lenken, sind an den beiden Achsseiten die Achsschenkel. Diese, auch Radträger genannten Bauteile, sind über die Spurstange miteinander verbunden. Die Achswellen werden über Kreuzgelenke, und bei einfachen Konstruktionen, durch Knochenelemente durch die Radträger geführt und treiben die Räder an. Der Antrieb der Achswelle erfolgt in der Regel durch ein Kegelradgetriebe. Die Vorstellung möchte ich mit einer günstigen Achse beginnen.

T-REX 60

Es handelt sich um die T-Rex-60-Achsen von RC4WD aus Kalifornien. Die hier beschriebenen Achsen werden in Kunststoff angeboten. Technisch verwandt sind die D40-Achsen aus Aluminium. Der Preis für die Kunststoffachsen klingt wie ein Sonderangebot beim Discounter. Das Paar aus Vorder- und Hinterachse ist bereits für unter 100 $ direkt in den USA oder bei einem der Importeure in Deutschland erhältlich.

Wenden wir uns jetzt der Technik zu.
Das Außengehäuse besteht aus ABS-Kunststoff. Die beiden Achsschalen sind in der Vertikalen geteilt und werden so miteinander verschraubt. An der inneren Achsschale sind die Achsfäuste für die Aufnahme der Achsschenkel fest angeformt. An diesem Bauteil findet sich auch die Aufnahme für die Kugellager der Achseingangswelle. Alle drehenden Teile sind kugelgelagert. Die fünf Millimeter dicke Achswelle wird über Stahlzahnräder angetrieben. Auf ein Differential wird von vornherein verzichtet. Dies erspart das nachträgliche Sperren des Differentials und zeigt wo die Achse herkommt, von einem Geländespezialisten und wo sie hin will, nämlich ins Gelände.

Trex-60-Achse als Vorderachse am Crawler

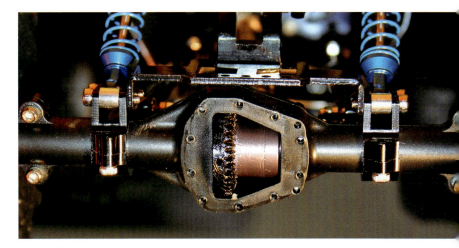

Tellerrad ohne Differential

Knochenanlenkung, ein Tribut an die Kostenseite

Der Aufbau des Achsgehäuses lässt eine Art der Schmierung zu, die so ansonsten ungewöhnlich ist, ein Ölbad. Die Achsen kommen vorgefettet und müssen noch entsprechend geschmiert werden. Der Differentialdeckel dient als Einfüllöffnung. Fett wird immer wieder weggedrückt, das Öl sammelt sich am tiefsten Punkt und versorgt so das Tellerrad und das Kegelrad mit Schmierstoff. Im Einsatz zeigt sich, dass Öl durch die Kugellager an der 5-mm-Antriebswelle herausgedrückt wird. Dies ist unschön aber zu vernachlässigen. Hochwertiges Fließfett verbindet gute Schmiereigenschaften mit einem geringen Austritt aus dem Gehäuse.

Das Innenleben der Achsen zeigt sich somit als recht robust. Sichtbarer Verschleiß an den Zahnrädern ist alsbald nicht zu erwarten. Dass der Antrieb der Achsschenkel über Knochen erfolgt, ist ein Tribut an die Kostenseite. Leider trüben diese Knochen auch den Einschlagwinkel der Achsschenkel. Dieser Winkel ist mit gut 30° überschaubar. Standardmäßig sind die Achsen für Aufnahme von Stoßdämpfern mit Schraubenfedern konzipiert. Im Zubehör gibt es auch die Option, die Achsen an Blattfedern zu führen. Der Kraftschluss zu den Rädern erfolgt über den bekannten 12-mm-Sechskant. Somit können alle gängigen Felgen mit diesem Mitnehmer montiert werden. Wer etwas schmälere Achsen benötigt, sollte sich die ansonsten baugleiche T-REX-44-Achse anschauen. Aus selbigem Hause kommt eine spezielle Achse.

Worminator

Die Worminator-Achse weist direkt mehrere Besonderheiten auf. Woher kommt der Name? Der „Worm" ist im englischen die Spiralschnecke und eine solche ist hier verbaut. Mit dem Schneckengetriebe werden die Eingangswelle und die Achswelle auf zwei Ebenen geführt. Die Antriebswelle läuft oberhalb der Achsenwelle. Die Achse wird in zwei unterschiedlichen Übersetzungsverhältnissen angeboten,

Schneckenrad unterhalb der eingängigen Schnecke

25:1 und 40:1. Es handelt sich jeweils um selbsthemmende eingängige Schnecken. Anfänglich konnte ich mit der Gangzahl einer Schnecke nichts verbinden. Ich will versuchen es zu erklären. Die Schnecke ist eine besondere Art eines schräg verzahnten Zahnrades. Der Winkel der Schrägverzahnung ist so groß, dass ein Zahn sich mehrfach schraubenförmig um die Radachse windet. Der Zahn wird in diesem Fall als Gang bezeichnet. Eingängige Schnecken kennt jeder von einer Schraube. Schaut man von unten auf eine eingängige Schnecke sieht man einen Anfang. Bei einer dreigängigen Schnecke drei Anfänge usw. Die Selbsthemmung bewirkt, dass die Schnecke das Schneckenrad antreiben kann, aber nicht umgekehrt. Das bedeutet, ohne Motoreinwirkung steht die Fuhre fest an ihrem Platz.

Die hohe Untersetzung in der Achse sorgt dafür, dass das Drehmoment erst in der Achse entsteht. Es bedeutet andererseits, dass sich die Eingangswelle 25 bzw. 40 Mal drehen muss um das Rad ein Mal zu drehen. Entsprechend hohe Drehzahlen an der Kardanwelle sind die Folge.

Neben dem Schneckenantrieb ist der Aufbau der Worminator-Achse ungewöhnlich. Die Achse weist einen Versatz auf. Das klein gehaltene Schneckengetriebe sitzt nach oben versetzt in der Mitte der Achse. Dies bewirkt eine entsprechend größere Bodenfreiheit unter der Achsmitte. Im Vergleich zu einer Standardachse bringt dies einen Vorteil an Bodenfreiheit von mehreren Millimetern bei gleicher Reifengröße. Bei der Kröpfung der Achse ist eine starre Welle nicht möglich. Das Geheimnis hierzu sind zwei Gelenke in der Achse. Am Schneckenrad sind Knochenmitnehmer verbaut. Hier greifen die „Xtreme Velocity Drive" kurz XVD-Gelenkwellen ein. Alle Wellenstücke sind kugelgelagert. Nachteil dieser Konstruktion ist, das sich addierende Spiel in den einzelnen Verbindungsstücken. Die Rad-Reifen-Kombination lässt sich von Hand von Anschlag zu Anschlag um mehrere Grad bewegen. Ein Fakt, der im Fahrbe-

Innenleben der Worminator-Achse

Schön zu erkennen, die Kröpfung der Achse

Aufbau einer Portalachse am Beispiel des LEGO Technic-Unimogs

trieb so nicht auffällt, außer ein Rad steht frei in der Luft und läuft verzögert an. Ein Vorteil der Schneckenkonstruktion ist das nicht vorhandene Verdrehen der Achsen zu einander, der so genannte Torquetwist. Wenn das Drehmoment erst in der Achse entsteht, kann der Antriebsstrang dahin entsprechend kleiner und leichter gehalten werden. Am besten entsteht das Drehmoment also erst dort, wo es benötigt wird, im Rad. Zwei Wege führen zu diesem Ziel.

Portalachsen

Bei Portalachsen wird der Antrieb aus der Radmitte nach oben versetzt. Am Ende der Achswelle sitzt somit nicht direkt das Rad, sondern ein Zahnrad, was wiederum ein weiteres Zahnrad antreibt. Dieses sitzt innen auf der Radwelle. Beide Zahnräder werden untereinander in einem Gehäuse gehalten. Durch unterschiedliche Zähnezahl der beiden Zahnräder kann eine Untersetzung erfolgen. Vorteil der Konstruktion ist mehr Bodenfreiheit und bei unterschiedlicher Zähnezahl ein höheres Drehmoment am Rad. Portalsätze für verschiedene Achsen wurden von RC4WD und BaMa-Tech angeboten.

AP-Achsen

Der zweite Weg, zur Verlagerung der Entstehung des Drehmoments ins Rad, ist das Planetengetriebe. Aufgrund der Bauform spricht man auch von Außenplanetenachsen, kurz AP-Achsen. Schauen wir uns dafür den grundsätzlichen Aufbau eines Planetengetriebes näher an. Bei dem einfachsten Aufbau ergibt sich von innen nach außen; das Sonnenrad, dieses wird angetrieben und treibt seinerseits die Planetenräder an. Diese namensgebenden Zahnräder rollen auf der Innenverzahnung des Hohlrades ab. Je nach Konstruktion sind entweder die Planetenräder festgesetzt und das Hohlrad dreht sich, oder das Hohlrad steht fest und die Planetenräder umkreisen das Sonnenrad. Diese Konstruktion kann hohe Drehmomente übertragen, da direkt mehrere Planetenräder im Eingriff sind. Die Fläche der im Eingriff befindlichen Zahnräder multipliziert sich somit.

AP-Achsen sind im Modellbau eher selten anzutreffen. Eine besondere Achse möchte ich daher hier gerne vorstellen. Die deutsche Modellschmiede AFV-MODEL GmbH aus Halle an der Saale hat sich einen guten Ruf im Bereich von originalgetreuen Militärmodellen gemacht. Hier hat die Achse auch ihre Wurzeln.

Die Achse macht beim ersten Aufeinandertreffen einen sehr hochwertigen Eindruck. Der Achskörper ist aus Neusilberguss, einer Legierung aus Kupfer-Nickel-Messing. Diese Legie-

AP-Achse von AFV Modell GmbH

rung zeichnet sich durch hohe Festigkeit und geringe Korrosionsneigung aus. Der Schwarze Lack sieht edel aus, schweres Gelände wird hier aber leider schnell Spuren hinterlassen. Die geringe Bauhöhe des Differentialgehäuses fällt auf, gerade mal 26 mm von Ober- zu Unterkante. Dies kommt der Bodenfreiheit zu Gute. Glatte Flächen lassen im Gelände den Steinen keine Chance.

Das Differentialgehäuse ist an Front- und Rückseite mit einem Deckel versehen. Schrauben in Scale-Größe machen einen optisch guten Eindruck. Für die Demontage der beiden Deckel ist Feinmechanikerwerkzeug erforderlich. Aber ein Öffnen ist wohl in den wenigsten Fällen vonnöten. Das Innenleben ist mehr als hochwertig. Vier gefräste Metallkegelräder arbeiten im Differentialkäfig aus Messing und gleichen so die unterschiedliche Drehzahl der Räder aus. Dank des präzisen Schliffes können die Zahnräder kleiner gehalten werden und dennoch hohe Kräfte übertragen. Differential und Gelände, wie passt das zusammen? Die Lösung liegt natürlich auf der Hand; eine Sperre muss her. Diese ist optional erhältlich und lässt sich bei der Bestellung für links oder rechts ordern.

Gehäusedeckel mit Kegelrad
(Quelle: AFV)

Geschliffene Kegelräder
im Differentialkäfig, links
Schaltklaue Diff-Sperre
(Quelle: AFV)

Versatz in der Achsschenkellagerung (Quelle: AFV)

Die Sperre ist bei der Testachse verbaut und lässt sich über einen Bowdenzug auf kürzestem Weg schalten. Ein Microservo kann diese Arbeit im Modell später verrichten. Selbstredend sind alle Wellen in der Achse kugelgelagert. Bei einer Achse in dem Preissegment darf man auch von Kreuzgelenken aus Stahl an den Achsschenkeln ausgehen. 43° Lenkeinschlag sprechen hier für sich. Spurstangenhebel an den Achsträgern zeigen nach vorne und hinten. Die Spurstange an der Testachse ist BTA (behind the Axle) montiert und mit einer Kröpfung am Antriebseingang vorbeigeführt. Die Spur ist neutral eingestellt. Die Spurstangenhebel sind verlötet; eine Veränderung der Spur ist somit nicht möglich. Hier wirkt die Konstruktion sehr filigran. Aber hinter der Achse liegt die Spurstange geschützt. Zur Ansteuerung der Lenkung durch den Servo gibt es drei verschiedene Punkte. Eine Besonderheit fällt an dieser Stelle erst bei genauer Ansicht auf. Die Haltepunkte für die Achsschenkel liegen nicht lotrecht. Der obere Punkt liegt weiter innen. Das bewirkt, dass der Drehpunkt unter dem Rad liegt. Dadurch lenkt das Rad auf der Stelle, benötigt weniger Lenkkräfte und schwenkt nicht so weit um den Drehpunkt.

So weit außen sind wir bei den Namensgebern angekommen, den Planetengetrieben. Standardmäßig werden die Achsen mit drei Planetenzahnrädern ausgeliefert. Auf besonderen Kundenwunsch, bei erhöhter Belastung, werden vier Planeten verbaut. aufgrund der Außenplanetengetriebe ist die Montage von Felgen, wie sie im Scaler- und Crawler-Bereich eingesetzt werden, mit 12 mm Sechskant, nicht möglich. Die Felgen werden mit 10 Gewindebolzen M1.4 befestigt. Dem geübten Modellbauer sollte dies aber nicht im Wege stehen, zumal AFV auch Felgen anbietet.

Eine außergewöhnliche Achse für den Scaler-, Crawler- und Trialbereich. Wer den Antriebsstrang filigraner aufbauen möchte, sollte einen näheren Blick auf die Achse von AFV-MODEL werfen. Für die Vertreter der großen Brocken in 1:10 und 1:8 bietet AFV-MODEL die Achse auch in 300 mm Standardbreite an. Eine Anpassung an die benötigte Breite ist möglich.

Spanien olé!

Diese Anfangszeile aus einem Karnevalslied der „Bläck Fööss" kam mir als erstes in den Sinn, als ich die Achsen von S.D.I aus Madrid das erste Mal in Händen hielt. Scale designs international, kurz S.D.I, hat sich vor Jahren schon einen guten Ruf in der Offroads-Szene gemacht.

Fertige Achsen von S.D.I.

Kreuzgelenkbausatz, die Schlitze für Front und Heck sind unterschiedlich

Ihre ersten Reifen, die Traildoctor, konnten mit anderen Produkten durchaus mithalten und preislich locker überholen. Hier und jetzt geht es aber um die wohl mulitfunktionalste Achse im Offroad-Bereich. Die Achse wird in der Regel paarweise angeboten und mit 119 € netto ist auch der Preis für das Paar interessant. Die Achsen kommen als Bausatz zum Käufer. Macht auch Sinn bei der Vielzahl der Möglichkeiten, mit der sich die Achsen konfigurieren lassen. Eine Anleitung liegt der Sendung nicht bei, lässt sich jedoch sehr detailliert auf www.sdi4x4.com herunterladen. Hier finden sich zwei weitere Anleitungen, auch diese stark bebildert und in Englisch, zur Kürzung der Achse und zur Fehlerbehebung. Die englische Sprache stellt hier kein Hindernis dar, da die Bilder für sich sprechen. Alles ist gut verpackt und es fällt auf, dass Front und Hecksteckwellen separat verpackt und entsprechend markiert sind. An diese Anweisung sollte man sich auch halten. Man sieht auf den ersten Blick keinen Unterschied, der

Kappen der nicht benötigten Teile

Achsschenkel mit Kugellagern

liegt im Detail. Die Teile für die Vorderachse sind weiter ausgeschnitten und erlauben so einen größeren Lenkwinkel. Aber der Reihe nach.

Die Achsschalen sind aus Kunststoff und verfügen über zwei Öffnungen für den Antrieb. Beim 4×4 wird bekanntlich nur ein Antrieb benötigt, so dass der Differentialkörper, Durchmesser 26 mm, um diesen Antriebsbürzel gekürzt werden sollte. S.D.I. Empfiehlt die Auflage auf eine Kiste und die Pucksäge. Ich habe meine Proxxonkreissäge bemüht und so die Eingangsstummel auf gleiche Länge gestutzt. Ein wenig Sandpapier und die Flächen sind fertig zum Verschließen.

Drei Verschlussdeckel liegen bei. Da die Achse gekürzt werden kann, sind im Abstand von je 10 mm Bohrungen zum Verschrauben angebracht. Diese stören den Scale-Eindruck ein wenig. Alle werden nicht benötigt, um eine stabile Achse zu bekommen. Alles muss vom Modellbauer selbst zusammengefügt werden. Auch die Kreuzgelenke in den Achsschenkeln.

Alle Kugellager sind gekapselt

S.D.I hat eine sehr zierliche Achse entworfen. Das zeigt sich auch in den Achsschenkeln. Das innere Lager des Achsträgers sitzt außen im Drehpunkt des Kardangelenkes. So verhindert das Kugellager, dass der Querstift verloren geht. Auch eine Möglichkeit, den Drehpunkt unter das Rad zu bekommen und somit die Lenkkräfte zu optimieren. Wer so arbeitet, denkt natürlich auch an die Lenkkräfte, die durch Reibung in der Achsfaust und den Achsträgern entstehen.

Man ist geneigt zu sagen: Natürlich sind auch hier Kugellager verbaut. Ein Manko weisen die Achsschenkel jedoch dann doch auf. Das äußere Kugellager hat Spiel nach oben und unten. Nicht viel, aber sichtbar. Dieses Spiel wird mit der Zeit mehr werden, wenn nicht von Anfang an gehandelt wird. Daran hat S.D.I gedacht und den Download zur Fehlerbehebung ins Netz gestellt. Ein winziger Tropfen Heißkleber bringt die Lösung. Die Erklärung für diesen möglichen Fehler wird auch mitgeliefert. Beim Abkühlen verhalten sich die Kunststoffspritzlinge unterschiedlich. Daher kann dieses Spiel entstehen.

Der Zusammenbau ist in gut einer Stunde erledigt. Probleme gab es keine. Alles passt hervorragend. Die Achsen drehen leicht und geschmeidig. Eine lange Einlaufphase ist nicht nötig. Kein Haken oder Ähnliches, auch nicht bei vollem Lenkeinschlag. Bei der Befestigung der Achsen muss jeder Modellbauer seinen eigenen Weg finden. Kugelköpfe liegen bei und können variabel an der Achse verschraubt werden. Eine Achse, scale konzipiert und gebaut. Mit ihren 4-mm-Wellen eher was für leichte Jeeps und Pickups. Schwere Fahrzeuge werden diesen Wellendurchmesser wohl mit der Dauer überfordern. Die Entscheidung für eine Achse wird von verschiedenen Faktoren beeinflusst. Optik, Stabilität und nicht zuletzt der Geldbeutel werden hier maßgeblich einwirken. Die Auflistung hier ist natürlich nur eine kleine Auswahl der auf dem Markt verfügbaren Achsen. Dem Modellbauer, der hier nichts findet, bleibt nur die Eigenkonstruktion.

Die Lenkung

Manche Dinge sind einem so selbstverständlich, dass man sie als gegeben annimmt und sich keine weiteren Gedanken darüber macht. Ein Fahrzeug, das nicht nur geradeaus fahren soll, muss über eine Lenkung verfügen.

Drehschemellenkung
Diese Art der Lenkung ist uns allen von Anhängern bekannt. In der Regel wird die starre Vorderachse über die Deichsel vom Zugfahrzeug oder dem Zugtier gelenkt.

Panzerlenkung
Bei Kettenfahrzeugen kommt diese Art der Lenkung zum Einsatz. Durch Abbremsen einer Seite wird das Fahrzeug über diese Seite durch den einseitigen Antrieb geschoben. Selten findet man auch den gegenläufigen Antrieb. Das Fahrzeug dreht dann „auf dem Teller". Diese Art der Lenkung funktioniert auch bei Radfahrzeugen, deren Räder dicht hintereinander angeordnet sind.

Knicklenkung
Wird der Drehpunkt der Lenkung zur Fahrzeugmitte verlagert erhält man die Knicklenkung. Die beiden Fahrzeughälften, in der Regel mit ungelenkten Starrachsen ausgestattet, werden gegeneinander im Winkel angestellt. Der unterschiedliche Anstellwinkel der Fahr-

Panzerlenkung an einer Pistenraupe

zeughälften ergibt den Lenkradius. Diese Art der Lenkung ist oft bei Baustellenfahrzeugen zu finden, wie Radladern und Dumpern. Fahrzeuge mit einer solchen Lenkung neigen am Hang dazu instabil zu werden.

Achsschenkellenkung

Die am häufigsten verwendete Lenkung bei mehrspurigen Fahrzeugen ist die Achsschenkellenkung. Bekannt ist diese Art der Lenkung auch unter dem Begriff Ackermann-Lenkung oder im englischen als „A-Steering". Wobei der Engländer Rudolph Ackermann nur diese Art der Lenkung patentieren ließ. Erfunden hat sie 1816 der Wagenbauer Georg Lankensperger in München. Im Jahre 1875 erfanden der Franzose Amédée Bollée und der Deutsche Carl Benz unabhängig voneinander die Achsschenkellenkung neu.

Der große Vorteil der Achsschenkellenkung ist der geringe Platzbedarf. Der Nachteil ist, dass die Räder der Lenkung unterschiedliche Kreisbahnen durchfahren. Damit eine reibungsarme Kurvenfahrt ermöglicht werden kann, muss je-

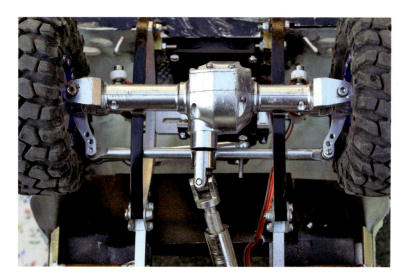

Blattfeder-Stoßdämpfer vor der Achse, der Servoarm im Drehpunkt; BTA; fast ideal

Achsschenkel mit schrägem Achsfaustwinkel

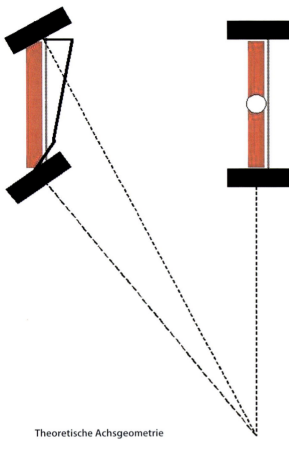

Theoretische Achsgeometrie

des Rad einen eigenen Radius um den Kurvenmittelpunkt umlaufen. Bei Starrachsen erfolgt dies automatisch, da sowohl das innere als auch das äußere Rad auf einer Linie, der Achse, liegen. Um diesen Umstand bei der Achsschenkellenkung zu kompensieren, bedarf es eines Lenktrapezes bestehend aus den Lenkhebeln an den Achsschenkeln, der Spurstange und der Achse. Die genaue Berechnung des Lenktrapezes ist kompliziert. Daher hat sich eine Faustregel für den Aufbau der Ackermann-Lenkung eingebürgert. Bei zweiachsigen Fahrzeugen soll sich die Verlängerung der Achsschenkelhebel, bei Geradeausfahrt, in der Mitte der Hinterachse treffen. Vor- und Nachlauf der Räder kann bei den langsamen Fahrzeugen vernachlässigt werden und seien daher nur am Rande erwähnt. Als Vorlauf bezeichnet man die Radstellung, wenn sich die verlängerten Linien der Räder vor der Achse Treffen. Die Räder sind leicht nach Innen gestellt. Beim Nachlauf treffen sich die gedachten Linien hinter der Vorderachse. Die Räder zeigen beide leicht nach außen.

In der Praxis

Soweit die Theorie! Nicht nur aus Gründen der Geometrie sollte also die Spurstange hinter der Achse liegen. Man spricht hierbei, aus dem Englischen kommend, von BTA (Behind the axle: hinter der Achse). Hinter der Achse liegt die Spurstange auch geschützt und vor der Achse wird kein Platz verschenkt. Eine Alternative dazu ist der Einbau über der Achse, OTA = Over the Axle. Dabei liegen die Lenkhebel der Radträger ebenfalls nach hinten gerichtet, doch die Spurstange wird oberhalb der Achse geführt. Die Praxis sieht meistens, leider, etwas anders aus. Irgendwie ist immer irgendetwas im Wege. Bei hochgeländegängigen Fahrzeugen, egal ob Trial, Crawler oder Scalern, wird gerne auf Multilinkaufhängung der Achsen gesetzt, da diese in der Regel mehr verschränken als Blattfedern. Diese Multilinks packen aber an der Achse dort an, wo die Spurstange verlaufen müsste. In der Mitte stört dann beim Allradfahrzeug auch noch die Kardanwelle. Diverse Kröpfungen an der Spurstange helfen dann manchmal weiter.

Der Servo steht im Weg

Im Modell kommt noch ein weiterer Anlenkpunkt hinzu. Der Servo mit seinem Stellarm will seinen Platz finden. Auch wegen der großen Verschränkung kommen hier gerne Lenkeinflüsse hinzu. Federt das Fahrzeug einseitig stark ein, so verändert sich der Weg vom Servoarm zum Achsschenkelhebel. Diese Auf- bzw. Abwärtsbewegung kann zu ungewolltem Lenkeinschlag führen. Es ist somit darauf zu ach-

Federaufnahme auf der Achse; Servo auf der Achse; BTA; so sollte es sein

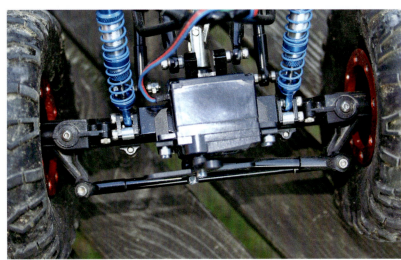

Hinter der Achse geht es eng zu, daher ist BTA nicht möglich

ten, dass der Anschlag der Servospurstange im Drehpunkt der Achse liegt. Am besten, der Servo ist fest auf der Achse montiert und folgt somit jeder Bewegung der Achse. Als technischer Vorteil wird diese Montageversion in wenigen Regelwerken mit einem Handicap versehen. Ist der Servo auf der Achse montiert, kommt oftmals ein weiteres Problem hinzu, der Aufnahmepunkt für den Dreieckslenker steht im Wege.

Darf es eine Achse mehr sein?

Der Aufbau wird nicht einfacher, wenn eine weitere Lenkachse hinzukommt. Bei einem Fahrzeug mit zwei direkt hintereinander liegenden Lenkachsen sind doppelt so viele Streben im Wege. Es gibt zwei Möglichkeiten zur Ansteuerung der Achsen. Im Original wird über eine Koppelstange die Lenkwirkung von einem Lenkgestänge zum zweiten übertragen. Schwie-

Chassis des Faun SLT50 in 1:25. Beide Achsschenkel liegen hinter den Achsen und sind über Streben verbunden

Einzelne Servos auf den Achsen. Einer liegend, der andere stehend. Ansteuerung über Mischfunktion an der Steuerung

rigkeit hierbei ist, dass alle vier Räder einen eigenen Rollradius durchlaufen und somit entsprechend angestellt werden müssen. Die hintere Achse durchläuft einen kleineren Lenkrollradius als die vordere, das hintere Radpaar muss somit enger einschlagen als das vordere.

Im Modell gibt es die Möglichkeit zwei Servos, eins pro Achse, zu installieren. Wenn beide Servos identisch eingebaut werden, lassen sie sich über ein Y-Kabel auf einem Kanal zusammenfassen. Über unterschiedliche Längen des Hebelarmes werden die unterschiedlichen Einschlagwinkel realisiert. Ist der Einbau nicht identisch und die Servos schwenken in gegenläufige Richtungen, bleibt nur der Anschluss auf zwei Kanäle und das Mischen der beiden Kanäle. Hierbei kann auch das Verhältnis und somit der Lenkeinschlag variiert werden.

Mehr Power an der Lenkung

Zwei Servos benötigen entsprechend Strom aber auch ein kräftiges Servo kann nie genug davon haben. Wer seinem BEC diese Last nicht zumuten möchte oder Schwächen in der Lenkung bei abnehmender Akkuleistung feststellt, greift zur direkten Stromversorgung (DSV). Moderne Hochstromservos haben eine Spannungsbandbreite von 4,8 V bis 7,4 V, einige auch bis 12 V. Jedes Volt mehr bringt mehr Kraft und Geschwindigkeit. Insbesondere Kraft haben wir an der Lenkung nie genug. Es spricht somit vieles dafür, den „Saft" direkt aus dem „Tank" zu beziehen. Beim Anschluss zwingend auf die angegebene maximale Spannung des Servos achten!

In Internetforen finden sich zum Aufbau kurze Anleitungen. Plus und Minus werden vom Akku direkt zum Servo durchverlegt. Die Datenleitung bleibt zwischen Empfänger und Servo bestehen. Die Plusleitung zwischen Servo und Empfänger wird unterbunden (Diese Angabe ist ohne Gewähr). Ich bin da mehr der ängstliche Typ und vertraue auf günstige professionelle Adapter.

Der OPTO-HV von Servonaut ist ein solcher Adapter für die DSV. Der Servo wird mit seinem werkseitig konfektionierten Stecker mit dem Adapter verbunden. Zwei Kabel führen vom Adapter direkt zum Akku. Je nach Spannungslage des Servo erfolgt die Versorgung aus einem separaten Lenkakku oder aber direkt aus dem Fahrakku.

Zusammenfassung

Nach den vereinfachten Regeln der Geometrie sollte der Schnittpunkt der Verlängerungen der Achsschenkelhebel bei einem 4×4 in der Mitte der Hinterachse liegen. Dies wird in der Regel damit erreicht, dass die Achsschenkelhebel hinter der Achse liegen (BTA, OTA). Dies ist in der Modellpraxis eher selten, da es recht eng zugeht, da hier die Achsführung und der Antrieb verlaufen. Es muss somit immer ein Kompromiss beim Aufbau gefunden werden. Bei der Verwendung einer DSV oder eines externen BEC ist die Höchstspannung der Lenkservos zwingend zu beachten.

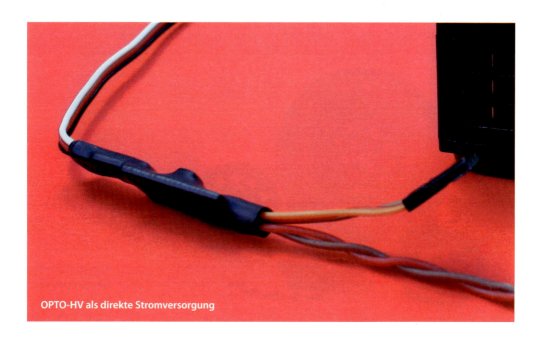

OPTO-HV als direkte Stromversorgung

Reifen und Felgen – die unendliche Geschichte

Die Anzahl der im Handel angebotenen Reifen ist zwischenzeitlich schier unüberschaubar geworden. Der Modellbauer hat die Qual der Wahl. Wie im wahren Leben, sprich bei den Großen, werden die Reifen nach ihrem Innendurchmesser klassifiziert und auch wie im wahren Leben, in Zoll.

Die Felge

Eine Binsenweisheit ist, dass jeder Reifen eine Felge benötigt um am Fahrzeug zu funktionieren. Aus dem Flachbahnbereich kommend wurden Felgen für den Offroadbereich übernommen. Bei einfachen Felgen müssen die Reifen mit der Felge verklebt werden. Einige Produkte werden auch direkt fertig verklebt angeboten. Ein Abziehen der Reifen ist in einem solchen Fall mühsam bis unmöglich. Leider werden Reifen bei dieser Aktion gerne beschädigt und vielfach unbrauchbar.

Der Ausweg aus diesem Dilemma nennt sich Beadlock-Felge. „Bead" kommt aus dem Englischen und bedeutet Flansch/Sicke. Gemeint ist der Reifeninnenrand. „Lock" ist ebenfalls Englisch und bedeutet arretieren/sichern. Der innere Reifenrand wird also gesichert und dies in einer Art und Weise, dass er auch wieder gelöst werden kann. Eine solche Felge ist immer

Typische Rad-Reifen-Kombination. Dreiteilige Felge mit 1,9-Zoll-Reifen

Ringe aus Messing als Tuning-Ersatz für die leichten Aluringe

2,2-Zoll-Beadlock-Felge mit X-Lock und 2,2-Zoll-Reifen

mehrteilig. Klassischerweise werden zwei Ringe an die Felge angeschraubt und pressen den Reifen in und an die Felge. Die zweite Variante ist ebenfalls mehrteilig. Die beiden Felgenhälften werden zentral zusammengesetzt und mit Schrauben gesichert. Zwischen Vorder- und Rückseite liegt ein Ring. Auch hier wird der Reifenwulst geklemmt. Dieser Ring lässt sich auch als Ballast nutzen. Tief unten im Fahrzeug kann es den Schwerpunkt positiv beeinflussen.

Die Größen

In fast allen Regelwerken zu den verschiedenen Wettbewerben, sei es Crawler, Trialer oder Scaler, ist die Reifengröße ein wesentlicher Punkt. Die größte Rad-Reifen-Kombination findet sich bei den SuperClass-Crawlern. Die minimale Felgengröße beträgt 3,2 Zoll, immerhin 81 mm. Die Reifengröße ist freigestellt. Hier sind Reifendurchmesser von bis zu 210 mm im Handel zu finden. Was gut einer ausgestreckten Handfläche zwischen Daumen und kleinem Finger entspricht. Ein ordentliches Trumm.

Mit 2,2 Zoll (56 mm) nähert man sich mit der 2,2-Zoll-Crawler-Klasse (Pro) einer Felgengröße, die unter den Trialtrucks bei den dicken Brummern im Maßstab 1:8 durchaus zu finden ist. Auch wenn die Optik der Felgen in

Drei 1,9-Zoll-Kandidaten: Flashpoint, Mudplugger & Trailbuster

der Regel weniger zu einem LKW passen wird. 152 mm Reifendurchmesser ist bei den Crawlern dieser Klasse die Obergrenze. Bei den Trialtrucks ist die maximale Größe abhängig vom Regelwerk und der Fahrzeugbreite. Wobei diese Fahrzeuggröße bei den Trialeros nur noch im Ostrial (richtig mit einem T) regulär gefahren wird.

Die gängigste Felgengröße ist 1,9 Zoll. Diese Felgengröße mit ihren 48 mm Durchmesser ist auch im Flachbahnbereich vertreten. Hier gibt es die größte Anzahl von Reifen. Durchmesser und Breite der Reifen variieren stark. Reifendurchmesser mit bis zu 108 mm dürfen bei den 1,9-Zoll-Crawlern gefahren werden. Ähnliche Obergrenzen beim Reifendurchmesser findet man auch in den verschiedenen Regelwerken der Trucktrialer. Eine Reifen- und Felgengröße, die in allen gemütlichen Offroad-Bereichen ihren Einsatz findet. Ein 12-mm-Sechskant ist hier die gängige Verbindung zur Achse.

Scale-Größen

Neben diesen drei „Standardgrößen" sind aus dem Scale-Gedanken heraus Felgengrößen entstanden, die die Reifenflanke größer werden lassen. 1,55 Zoll und 1,7 Zoll sind hier zu nennen. Diese Optik entspricht der Originaloptik und wird somit dem Ruf nach mehr Detailfreude auch im Reifenbereich gerecht. Der Reifendurchmesser der Scale-Reifen entspricht hierbei den 1,9-Zoll-Reifen, so dass ein Umstieg in der Regel kein Problem darstellt.

Der richtige Reifen für die jeweilige Anwendung

Die Reifen unterscheiden sich nicht nur in der Größe. Da die Anwendungsgebiete grundverschieden sind, unterscheiden sich die Gummiwalzen auch im Profil und in ihrer Härte. Auf die Härte des Reifens kann durch die Reifen-

Scale Offroad Mud Trasher in 1,55 Zoll

Belastung an und über die Grenzen hinaus

Scaler und Trialer

Scaler und Trialtrucks müssen Allrounder sein. Ihr Einsatzgebiet ist breit gefächert. Wasser und Schlamm, aber auch kleinere Felsen und Steine, alles was der Garten oder der Wald so hergibt. Scaler sind für die meisten Modellbauer Fahrzeuge, die einfach nur Spaß machen sollen, den Spieltrieb beglücken.

Daher ist auch die Reifenwahl eine andere. In Schlamm und feuchtem Sand ist es wichtig, dass das Profil die Erde auch schnell wieder loswird. Ein Profil, das sich zugesetzt hat, kann keinen Dreck mehr verdrängen und fährt sich wie ein Rennreifen ohne Profil.

Ähnlich bei den Trialtrucks. Sicherlich gibt es auch hier Wettbewerbe und das in großen Teilen Europas, doch die meisten Trialeros fahren im heimischen Garten oder im Wald nebenan. Um die Kostenfrage im Griff zu behalten ist auch in den meisten Regelwerken das Wechseln der Reifen während des Wettbewerbs verboten. Daher sticht auch hier ein guter Alleskönner.

einlage reagiert werden. Unterschiede in der Härte des Schaumstoffes lassen auch den Reifen anders walken. Zudem lässt sich der Schaumstoff durch sternförmiges Einschneiden dahingehend verändern, dass die Seitenführung bestehen bleibt und der Reifen breiter aufsteht. Ideal wäre natürlich eine Luftfüllung, die aber bisher nur bei verklebten Reifen im Einzelfall realisiert wurde. Mit Luft gefüllte Serienreifen sind bisher nicht bekannt.

Crawler

Das Einsatzgebiet eines Rockcrawlers sind Steine und Felsen. Das liegt schon im Namen begründet. Wasserdurchfahrten, Laub, Mutterboden sind selten bis gar nicht anzutreffen. Felsen und Steine, dass ist ihr Zuhause. Dementsprechend müssen auch die Reifen für diesen Untergrund spezialisiert sein, weicher Gummi mit nicht allzu großer Profiltiefe. Der Reifen muss am Felsen kleben. Da Crawler überwiegend für den Wettbewerb konzipiert sind beschneiden die selbigen auch die Reifen entsprechend in ihrer Größe.

Gerade die Reifenflanke hat eine tragende Funktion

2,2-Zoll-Beadlock-Felge in ihren Einzelteilen

Reifen in Eigenproduktion sind eine Herausforderung

Bei den Scalern liegt zudem die Optik ganz weit vorne. Der Reifen muss zum Erscheinungsbild des Fahrzeugs passen.

Einige Hersteller bieten ihre Reifen in unterschiedlichen Härten (Shore) an. Diese Einheit wurde vom US-Amerikaner Albert Shore 1915 entwickelt und dient der Härtemessung bei Kunststoffen und Elastomeren, also formfesten, aber elastischen Kunststoffen. Je größer die Zahl so härter der Gummi.

Leider kann man die Reifen in der Regel nicht Probe fahren, so dass man im Vorfeld entscheiden muss. Hier ist natürlich auch das Gewicht des Fahrzeuges von großer Bedeutung. Ein schweres Fahrzeug bringt einen Reifen mit größerem Shore mehr zum Walken als ein leichtes Fahrzeug. Beides muss einander angepasst sein. Es bleibt die Qual der Wahl oder man gestaltet seine Reifen selber.

Eigene Reifen

Wer unter den Kaufreifen nicht den richtigen Pneu für sein Modell findet, muss selber aktiv werden. Der Weg zum eigenen Reifen ist nicht unmöglich. Vor dem ersten Reifen steht der Formenbau. In dem hier gezeigten Beispiel wurde ein Hohlkammerreifen produziert. Sie sind somit den bisher genannten Reifen ebenbürtig. Die Wahl des Profils fiel auf ein Ackerprofil. Gedacht ist der Reifen für ein Trialfahrzeug.

Die zweiteilige Form wurde in Formbauresin gefräst. Ein Vorgang der mehrere Stunden in Anspruch genommen hat. Die Angussöffnung und die Entlüftungslöcher finden sich in der Oberschale. Damit der Hohlkammerreifen entstehen kann, bedarf es eines Kernes. Damit dieser dem fertigen Reifen auch wieder entnommen werden kann, muss der Kern mehrteilig sein. In diesem Fall besteht der Kern ebenfalls aus Resin und ist in vier Teile gegliedert. Im Kern steckt ein zweiteiliger Alukern, der gegeneinander verschraubt wird und somit den Resinkern an seinem korrekten Platz hält.

Der eigentliche Reifen entsteht aus Polyurethan. Zur Stabilisierung der Reifeninnenkante, dem Teil, der ins Felgenbett greift, wurden Kohlefasern mit laminiert. Die Kohlefaser stützt den empfindlichen Rand. Je nach Einsatzgebiet kann durch unterschiedliche Shore-Stufen die Härte des Reifens variiert werden. Ein reines Wettbewerbsfahrzeug wird mit geringerer Shore-Stufe, also weicheren Reifen fahren, als dasselbe Fahrzeug im Bautrimm. Hier muss der Reifen mehr Last tragen und bedarf mehr Traglast. Der Bau eines solchen Reifens bedarf der Erfahrung und auch der ein oder andere Ausschuss bleibt nicht aus. Ob sich der Aufwand also lohnt, sei dahingestellt. Zumindest hat man das gute Gefühl, es selber gemacht zu haben.

Iveco Massif

Die markante Front ist ein Unterschied zum Defender

Es sind ja die Zufälle die einen immer wieder schmunzeln lassen und uns teilweise auch weiterbringen. Mein Trailfinder-Chassis von RC-4WD stand wieder im Regal. Die finanzielle Situation war gerade etwas angespannt und dann kommen einem so Gedanken, man könnte ja mal ein wenig aussortieren. Zumal man ja nicht gleichzeitig mit allen Modellen fahren kann. Der Trailfinder sollte es sein. Die Kruppkarosserie war eh doppelt und so sollte er geopfert werden. Karosserie runter und den Aufbau entfernt war eins. Zum Verkauf sollte das Chassis auch noch sauber sein. Also schnell alles unter Wasser gehalten und so stand es dann wieder blinkend und strahlend vor mir. Und da konn-

Das Trailfinder-Chassis von RC4WD

Die Seitenteile geben die Form vor und der Ton folgt

te ich es nicht mehr verkaufen. Es hatte mich wieder in seinen Bann gezogen. Aber was sollte als Karosserie herhalten? Sicherlich gibt es einige sehr schöne Jeep- und Pickup-Karosserien aus Lexan zu kaufen. Ich wollte aber auch beschäftigt sein. Schließlich ist das Thema Modellbau.

Irgendwie bin ich beim Stöbern dann über Iveco gestolpert und hierbei über den Massif. Entstanden aus einem Lizenzbau des Land Rover Defenders, dem spanischen Santana, fertigt Iveco nun unter Eigenregie den Massif. In dieses Vorbild hatte ich mich also verguckt. Die Front mit ihrem großem Maul und den jeweiligen beiden diagonal angeordneten Scheinwerfern hatte es mir angetan. Das Vorbild war somit gefunden. Die Suche im Internet ging weiter. Auf der Iveco-Seite fand ich Zeichnungen im pdf-Format von allen Varianten des Massif. Es sollte der Pritschenwagen werden. Dazu fand ich ein Modell des Stationwagons im Maßstab 1:24, welches ich kurzerhand bestellte.

Der Zufall wollte es, dass ich die Möglichkeit zum Besuch der Iveco Firefighter Days in Grevenbroich erhielt. Man könnte also meinen, dass meine Wahl vorbestimmt gewesen ist. Hier konnte ich zum einen die gesamte Iveco-Feuerwehrflotte in Aktion bewundern, zum anderen den Massif im Detail fotografieren. Leider stand er hier nur als Stationwagon. Aber die Front ist ja identisch.

Woraus soll er entstehen?

Somit hatte ich das Chassis, das Vorbild und jede Menge Fotos. Es fehlte noch das Material für den Bau. Eigentlich sollte die Karosserie wieder aus PS-Platten entstehen. Diese bestellte ich bei www.architekturbedarf.de in verschiedenen Stärken. Die Bestellung und Lieferung erfolgte absolut problemlos. Es konnte also losgehen. Die pdf-Zeichnung wurde auf dem Kopierer auf das benötigte Maß vergrößert. So hatte ich die nötigen Konturen vorliegen. Die Seitenansicht bildete das „Rückgrat" der Konstruktion.

Diese wurde mit einem Nagel und einem Hammer von der Zeichnung auf das PS übertragen. Punkt für Punkt konnte ich so die Silhouette des 4×4 übernehmen. Die markante Front wurde ebenfalls in Polystyrol gefertigt. Aufwendig war der zentrale Lufteinlass. Soweit so gut, doch ab hier stockte das Projekt. Die Rundung zur Motorhaube mit ihren verschiedenen Stufen wollte nicht richtig funktionieren. Der Massif steckte fest und ich saß davor und wusste nicht wo ich schieben sollte.

Ein Bericht im Fernsehen brachte mich weiter. In diesem Bericht wurde die Entstehung eines Prototyps beschrieben. Die Designer fertigten ihr 1:1-Modell in Ton. Das war es doch! Also wurde mal wieder das Internet gequält. Hier wurde ich auch recht schnell fündig. Modellierton, oder auf Neudeutsch auch Styling Clay, ist das gesuchte Produkt. Die Preise, die ich fand, waren leider etwas ernüchternd. Ich wusste ja noch nicht, ob mir das Material und das Arbeiten damit zusagen. Der Rückschlag ließ sich aber schnell verdauen. Ein Telefonat mit Christian brachte die Erlösung. Er hatte schon mit Styling Clay gearbeitet und wusste Rat. Unser gemeinsamer Bekannter und U-Bootbauer Norbert Brüggen aus Mönchengladbach hatte noch Reste des Tons, die ich günstig erstehen konnte.

Also schnell Bettina, meine Frau, bei Norbert vorbeigeschickt und schon konnte das Projekt starten. Die Reste, die ich abends in den Händen hielt, waren größere Späne, die wieder zu einer homogenen Masse geknetet werden mussten. Dazu wurde die Blechdose samt Inhalt bei 50 ° in den Backofen gestellt und durchgeheizt. Über 70 °C darf der Styling Clay nicht erhitzt werden, da er sonst seine Konsistenz verliert und unbrauchbar wird. So durchgewärmt konnten die Bruchstücke wieder zu einem Klotz geformt werden. In diesem Zustand erinnert die Masse an Knetgummi, wie man sie für die Schule oder den Kindergarten kauft. Nur das Temperaturniveau des Modelliertons liegt höher. Styling Clay auf Zimmertemperatur verhält sich wie Knete aus dem Kühlschrank. Je wärmer er wird, desto schmieriger wird er. Der erste Kontakt war also positiv verlaufen.

Der Neuanfang

Nun mussten die ersten Anfänge der Karosserie daran glauben. Stehen blieben nur die beiden äußeren Silhouetten. Für eine Urform aus 100 % Ton fehlte das Material. Also musste ein Stützkorsett her. Zwischen die beiden Außen-

Fön und Glätter sind das gebräuchliche Werkzeug

teile wurden PS-Platten unterfüttert und mit Holz und Styropor geklebt. Nun braucht der Ton noch einen „Pack an". Dafür wurden Löcher durch das PS in das Holz gebohrt. In diese Löcher steckte ich Streichhölzer, die auf die gewünschte Länge gekürzt wurden. Ich arbeitete mich an der Front beginnend langsam nach hinten durch. Im ersten Schritt wurde der Ton flächig aufgebracht. An den vorher genannten Streichholzpinnen konnte der Ton auch in der Senkrechten Halt finden. In die Front hatte ich die Kühlermaske aus PS eingearbeitet. Rechts und links die Scheinwerferpaare und die zusätzlichen Lufteinlässe.

Schwarzer Lack – ob es richtig war, die Rohform zu lackieren?

Für die Scheinwerfer nahm ich mal wieder die Streuscheibe der Dachlampen vom Tamiya F-350 zur Hilfe. So sollten später diese Streuscheiben auch hier passen. So arbeitete ich mich langsam von vorne nach hinten durch. Immer wieder mit meinem Massif in 1:24 und den Fotos vergleichend. Haarfön, Rasierpinsel und Schabmesser waren das Hauptwerkzeug. Aber auch mit bloßen Fingern wurde die Schnitzknete bearbeitet. Es hat etwas Sinnliches, den Ton so zu bearbeiten. So wuchs die Rohform.

Die Rohform ist fertig

Die Erstellung der Urform ist aber nur der erste Schritt auf dem Weg zur Karosserie. Diese Form muss abgeformt werden. Nun verträgt sich Styling Clay nicht mit dem Wachs, der als Trennmittel dient. Auf diesen Umstand wurde ich wieder von meinem technischen Berater Norbert hingewiesen. Er hatte natürlich auch direkt die Lösung. Schellack ist hier das Mittel zum Zweck. Schellack kennen wohl einige noch von den alten Grammophon-Schallplatten. Früher wurde er auch für Klaviere zum Versiegeln genommen. Norbert hatte noch einen kleinen Rest, den er in ein Filmdöschen abfüllte. Als ich dieses Döschen in der Hand hatte dachte ich mir nur, dass soll ausreichen? Sah mir nach recht wenig aus. Diese paar Krümel sollten für eine 1:10-Karosserie ausreichend sein? Norbert war aber guter Dinge, dass das so wäre. Als Dreingabe erhielt ich noch ein wenig Pigmente zum Einfärben des Schellackes, damit man später auch sieht, wo gepinselt wurde.

Die Kotflügelverbreiterungen als letzter Arbeitsschritt wurden fertig gestellt. Nun ging es ans versiegeln. Die Schellackkrümel in ein Marmeladenglas und das Filmdöschen mit Brennspiritus aufgefüllt. Schellack löst sich in Alkohol und somit auch in Spiritus, der ja nichts anderes als vergällter Alkohol ist. Es dauert seine Zeit bis sich der Schellack gelöst hat. Ich habe die Suppe über Nacht angesetzt und das Glas gut verschlossen gehalten, ansonsten würde der Alkohol verfliegen.

Das soll genügen?

Der Anblick am nächsten Abend ließ mich wieder zweifeln. Das bisschen soll für die ganze

Karosserie reichen? Ein erster zaghafter Versuch sollte zeigen, wie sich die Spiritus-Schellack-Suppe so auf der Schnitzknete verhält. Es sah fast so aus, als ob man reinen Spiritus aufpinselt, so dünn war das Zeug. Immer noch Zweifel. Die Devise lautete, „mal abwarten". Nach den Simpsons mal wieder in den Keller zur Inspektion.

Und welche Überraschung, das Zeug war hart. Klasse! Also frisch ans Werk und die Plürre mit dem Pinsel auf der Form fein verteilt. So wurde die ganze Karosserie eingehärtet. Als Abschluss habe ich die so eingepinselte Form dann auch noch mit Lack schwarz gesprüht. Ob das eine gute Idee war, weiß ich im Nachhinein nicht. So sah das Werk bis hierhin aber schon mal ganz nett aus.

Auf zum Formenbau

Nun musste ein Termin mit Christian gefunden werden. Zum einen hat er mehr Erfahrung im Formenbau und zweitens ist seine Werkstatt besser ausgestattet. Der nächste Samstag fiel wegen Familie aus, worauf Bettina den Sonntag vorschlug. Solche Chancen muss man(n) nutzen. Also Sonntag nach dem Hundesparziergang ab ins Auto und ins Bergische Land gefahren zu Christian. Um 10.00 Uhr ging es los. Erstmal die Formen für die Formhälften schnitzen und anpassen. Eine Seite, die nächste, vorne und hinten. Jede Formseite einzeln abdichten, mit Trennmittel versorgen und laminieren. Eigentlich hatte ich gehofft, dass ich an diesem Sonntag eine fertige Karosserie hätte mitnehmen können. Doch leider zog sich der Bau bis nach 19.00 Uhr hin, obwohl wir nicht getrödelt haben. Nur härtet das Resin leider entsprechend lange aus. Gut 45 Minuten mussten wir auf die jeweilige Form warten. Irgendwann waren dann alle Teile fertig und es ging ans Auslösen. Vorher wurden die einzelnen Formenteile noch an den Kanten mit Löchern versehen, damit sie später wieder verschraubt werden können. Vorsichtig wurden mit Spachteln die Formteile gelöst.

Seite für Seite wächst die harte Form

Dass die Urform dieses nicht überleben würde war mir im Vorfeld klar. Es gab nur diesen einen Versuch. Dass die Form danach so schlimm aussähe hätte ich nicht gedacht. Der Stayling Clay ging nur widerwillig aus der Form. An eine Abformung war an diesem Abend nicht mehr zu denken. Also alles einpacken und wieder heim zur Familie. Irgendwann ist auch die größte Geduld aufgebraucht.

Die harte Form ist einsatzbereit

Die einzelnen Formen zeigten leider einige Luftlöcher die es zu spachteln galt. Es wurde nach bestem Wissen und Gewissen gefüllt und geschliffen. Hiernach wurden die Einzelformen mit Trennwachs eingepinselt und miteinander

Die Karosserie ist fertig laminiert

verschraubt. Die feinen Ritzen zwischen den Formteilen wurden gesondert noch mal mit Trennwachs bearbeitet und aufgefüllt. Es empfiehlt sich diesen Arbeitsgang außerhalb des Wohnhauses zu machen, da Trennwachs doch sehr geruchsintensiv ist. Ich habe mich daher in die Garage zum Wachsen verzogen und dort gepinselt. Nachdem alles gut mit Trennwachs versehen war, kam eine Schicht Folientrennmittel in die Hohlform. Es bildet sich so eine besonders feine Oberfläche.

So vorbereitet ging es mit der Form wieder zu Christian und es ging ans Laminieren. Schicht für Schicht, beginnend mit einer ganz feinen, wurde die Form gefüllt. Das Harz wurde gelb einfärbt, damit auch hier wieder der Fortschritt zu erkennen war. Gerade bei einer so komplexen Form sollte immer eine logische Reihenfolge beim Legen der Glasfasermatten eingehalten werden, damit auch alle Stellen gleich stabil sind.

An den markanten Stellen wurden noch Fäden aus Basalt eingearbeitet. Bei früheren Karosserien hatten wir auch schon Kohlefaser eingelassen. Diese zieht sich jedoch beim Aushärten anders zusammen als die Glasfasern und verzieht so ggf. das Modell an der Stelle.

Auslösen der Karosserie

Vierundzwanzig Stunden später konnte die Karosserie aus der Form gelöst werden. Ein spannender Moment, da man nie genau weiß, wie sich alles voneinander löst und ob nicht doch Luftblasen entstanden sind. Mit zärtlicher Gewalt und zwei Spachteln ging dieses aber recht unkompliziert. Lediglich der Teil der Form, der die Transportfläche ausfüllt trotzte etwas, gab aber schließlich auch auf.

Die so ausgelöste Karosserie zeigt die grobe Form des Massif, bedurfte aber noch des feinen Tunings. Als erstes wurden die Fensterflächen und die Scheinwerfer ausgeschnitten. Hierbei hatte ich den Staubsaugerschlauch auf die Schnittstelle gerichtet, damit die Späne und der Staub, beides nicht gesundheitsfördernd, direkt abgesaugt wurden. So vergingen Tage. Details wurden verwirklicht. Neben der Außenhülle des Iveco wuchs auch der Innenausbau. Ein wesentlicher Punkt beim Innenausbau sind die Sitze. Diese fand ich in einem nicht näher benannten Internet-Auktionshaus. Die Sitze wurden von einem Autohaus als Handyhalter angepriesen. Drei Stück für 6,50 €. Zwischenzeitlich hat sich wohl rumgesprochen, dass man als Fahrzeugsitz mehr Geld damit erzielen kann und einer

Fertig ausgelöst wartet der Massif auf die Feinarbeit

wird für 9,50 € angeboten. Die Lackierung des Massif fiel spartanisch aus. Der Gute soll später ins Gelände und somit ist eine hochwertige Lackierung eher kontraproduktiv. Ich habe diese Erfahrung an meinem F350 gemacht und spare mir seitdem teure Lackierungen.

Aufkleber und Kennzeichen müssen sein

Vor der Lackschicht bekam der Massif am Heck noch seinen Namen verpasst. Von der Iveco-Seite wurde der Schriftzug kopiert und ausgedruckt. Diese Buchstabenfolge wurde auf doppelseitigem Klebeband fixiert und einzeln ausgeschnitten und am Heck festgeklebt. Der Schriftzug wurde einfach mitlackiert und zeigt sich leicht erhöht im Lack.

Neben diesen verdeckten Aufklebern kamen natürlich noch andere sichtbare Aufkleber zum Einsatz. Alle auf dem Farblaser ausgedruckt, mit klarem Packband versiegelt und mit doppelseitigem Klebeband fixiert. Eine Besonderheit bilden hier die Nummernschilder. Unter

www.bronneim.de findet sich ein Kennzeichen-Generator, mit dem sich jedes beliebige deutsche Kennzeichen maßstabsgerächt erstellen lässt. So zugelassen darf der Iveco Massif hinaus in die Modellwelt.

Ein wenig Optik sollte dann aber doch noch sein. Die Ladefläche wurde mit Balsaholzstreifen in 5 mm und 8 mm Breite verkleidet. Mit dunkelbrauner Holzlasur gegen Witterungseinflüsse versiegelt schaut es nun recht edel aus. Natürlich braucht ein Pickup auch entsprechendes Ladegut. In diesem Fall ein U-Boot im Maßstab 1:350. Ein kleiner Kniefall für meine beiden U-Bootbauer, die mir mit Rat und Tat zur Seite standen.

Papier plus doppelseitiges Klebeband genügt für den Namen

Hügeliges Gelände ist das Zuhause des Iveco Massif

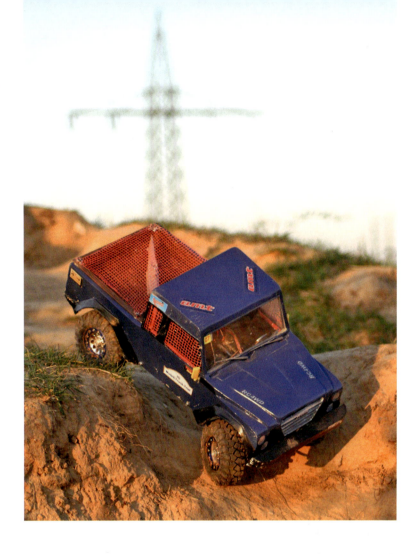

Das Chassis

Das Trailfinderchassis drängt sich für den Iveco geradezu auf, da Original und Modell auf Blattfedern daherkommen. Beim ersten Aufeinandertreffen war das Chassis recht sperrig. Verschränkung war nur widerwillig bis mäßig vorhanden. Eine Eigenart von Blattfedern. Die hintere Aufhängung der Blattfedern wurde dahingehend verändert, dass aus zwei robbe-Federaufnahmen rechts und links ein Gelenk gebaut wurde. Die Feder muss sich nun nicht mehr verdrehen und federt somit leichter ein. Ansonsten wurde die Technik des Trailfinders nicht verändert.

Der Fahrer nimmt Platz

So ein Scaler benötigt natürlich auch einen Fahrer, schließlich soll es nicht nach Geisterauto aussehen. Die meisten Figuren, die man in dem Maßstab käuflich beziehen kann, sind entweder muskelbepackt oder recht teuer. Beides wollte ich nicht. Da musste der Fahrer in Handarbeit entstehen. Auch hier fiel die Wahl auf eine Knetmasse. Fimo ist der Markenname und der ein oder andere kennt es noch aus Kindertagen. Vor der Modellierung wurde ein Grundkörper aus Styropor und Knickstrohhalmen erstellt. So waren Arme und Beine schon mal vorhanden. Um dieses Gerüst wurden die Proportionen ge-

Naive Kunst bei der Fahrergestaltung

Ready to run

formt. Der Kopf wurde als Kugel geformt und Nase, Augen und Mund nahmen Gestalt an. Sicherlich ist die Form nicht sonderlich künstlerisch wertvoll geworden, eher naive Kunst, aber Hand gemacht. Nach dem Trocknen wurde der kleine Fahrer noch angemalt. So konnte er auf dem Fahrersitz Platz nehmen. Es war bestimmt nicht das letzte Mal, dass ich mit Modelliermasse gearbeitet habe. Ein Material, was sich in jede beliebige Form bringen lässt. Stayling Clay lässt sich nach dem Auslösen aus der Form zu großen Teilen wieder verwenden. Lediglich die gehärtete Schellackschicht ist für den Müll. Fimo härtet von alleine aus und lässt sich entsprechend farblich gestalten. Entstanden ist so ein Einzelstück.

Keep it simple but strong

Eine Zeit lang ist mein Sohn Nicolai aktiv auf Trial-Wettbewerben mitgefahren. Er nutzte dafür meinen alten Deutz 4×4. Dieser Truck musste irgendwann ersetzt werden und es stellte sich die Frage nach einem Nachfolger.

Als Karosserie sollte es wieder ein Hauber werden, der Rest sollte stabil und kräftig ausfallen.

Erste Überlegungen

Bei der Karosserie wollte ich einen neuen Weg für mich einschlagen. Aus PS-Platten hatte ich bereits den Deutz und den Faun L908SA gebaut. Es sollte ein anderer Werkstoff genommen werden. Holz hatte mein Bruder für seinen KRAZ 255b genommen und ihm wollte ich es nachmachen. Wenn er als Schlossermeister aus Holz eine ansehnliche Hütte hinbekommt, dann sollte ich es doch auch hinbekommen; dachte ich.

Das Vorbild fand sich auf der Intermodellbau in Dortmund in Form eines 1:87-Modells. Ein Krupp K960 stand Pate. Kleinere Modelle eignen sich meiner Erfahrung nach hervorragend als Maßgeber. Dazu gesellen sich noch entsprechende Fotos und schon kann es losgehen. Als weiteres Hilfsmittel zeigte sich eine Zeichnung, die ich im Internet fand.

KRAZ 255b aus Holz „geschnitzt". Bericht hierzu unter modell-truck-trial.de

Die Karosserie

Die Karosserie des Krupp ist im Gegensatz zu den oben genannten Kabinen mit Rundungen versehen. Eine ganz neue Herausforderung für mich. Bisher war ich nur eckige Aufbauten angegangen. Die gefundene Zeichnung wurde mit dem Kopierer auf das benötigte Maß vergrößert. Die Draufsicht wurde auf ein Brett übertragen und ausgesägt. An diese Grundform wurden die Kotflügelausschnitte angeleimt. Die untere Frontpartie wurde aus Flugzeugsperrholz angeformt. Zur Stabilität wurde das ganze entsprechend hinterlegt und gedoppelt. So wuchs der Motorhaubenabschnitt langsam in die Höhe. Details, wie die Kühlerrippung wurden aus 1 mm Sperrholzstreifen zugesägt und aufgeleimt. Das braucht Zeit und man ist beschäftigt. Der Kopf hat Zeit sich mit den nächsten Schritten zu beschäftigen, die einem noch nicht klar sind.

Die Ausschnitte für die Scheinwerfer entstanden. Auch hier dienten als Vorlage die Dachscheinwerfergläser des Tamiya F350. Die Flächen wurden immer wieder gespachtelt und geschliffen, bis die Kontur entstand, wie sie einem vorschwebt. Das Schleifen diente dabei auch immer wieder als Überbrückung. Die eigentliche Fahrerkabine stellte mich vor größere Schwierigkeiten. Die filigrane A- und B-Säule bereiteten mir „Kopfschmerzen". Die extreme Rundung zum Heck wollte auch nicht direkt gelingen. Immer wieder „flog" das Konstrukt in die Ecke und wartete auf ein Vorankommen. Der Geist siegte zuletzt über das Material und die Karosserie stand fertig in Holz auf dem Werktisch. Das Konstrukt aus dünnem Flugzeugsperrholz zeigte sich insbesondere im Bereich der genannten Säulen als bruchempfindlich. So wanderte die Karosserie abermals in die Ecke, wenn auch ein Anpassen am Rahmen bereits erfolgte. Mit Christian hatte ich die in die Jahre gekommene Faun-Karosserie zwischenzeitlich abgeformt und in GFK laminiert. Warum sollte das nicht auch mit dem Krupp so gehen? Christian signalisierte im Gespräch, dass es nur ein drangeben sei.

Da die Holzkonstruktion eigentlich für den direkten Einsatz auf dem Fahrzeug gedacht war wurden alle Öffnungen an der Karosserie von innen mit Styropor verschlossen und der Karosserierohling lackiert. Wie vor jedem Formbau wurde der Rohling mit Trennmittel behandelt. Eine mehrteilige harte Form aus Resin konn-

Die fertige Karosserie des K960 aus Holz

Holzkarosserie nach dem Abformen. Die Radreifen haben nicht überlebt

te entstehen. Front und Heck wurden separiert und die Mittellage des Modells wurde als Trennlinie genommen. Beim Ausformen zeigte sich, dass Details sich hartnäckig weigerten die Form zu verlassen. Der Schriftzug, den ich aus Buchstabennudeln auf den Rohling geklebt hatte, lies sich seltsamerweise gut auslösen. Dagegen wehrte sich das Markenzeichen, die drei verschlungenen Radreifen, umso mehr. Die erste Lage der GFK-Karosserie wurde mit feinem Resin ausgegossen und anschließend mit Glasfasermatten belegt. An exponierten Stellen, wie Stoßstange und Kotflügelrand wurde Basalt mit eingelegt. Die GFK-Karosserie zeigt sich sehr stabil. Das überzeugte so gut, dass kurz hinter einander zwei Fahrerkabinen entstanden.

Die Fensteröffnungen und die seitlichen Kühleröffnungen wurden mit dem Minitrennschneider ausgeschnitten. Natürlich nur mit Staubmaske vor Mund und Nase und zusätzlicher Absaugung mit dem Staubsauger. Die feinen Partikel der Glasfasern sind nicht gesundheitsförderlich und sollten nicht eingeatmet werden. Kleinere Luftlöcher wurden mit Kunststoffspachtel gefüllt und anschließend geschliffen. Ein Problem stellte immer noch die Frontscheibe des K960 dar. Diese Scheibe ist gewölbt. Wie sollte ich diese Form realisieren? Die Lösung lag wie fast immer ganz nah. In den Dachhimmel wurde am äußersten vorderen Rand eine Nut gefräst. Hier findet eine klare Lexanscheibe mit ein wenig Kleber halt. Dank der Flexibilität von Lexan liegt die Scheibe unten innen an der Karosserie an und folgt so der Form. Die Karosserie war somit nach dem einfachen Lackieren einsatzbereit.

Das Fahrwerk

Das Fahrwerk stand ja bereits fast fahrfertig im Regal. Als Achsen wurden die Schneckenachsen genutzt, die bereits beim Faun und KRAZ zum Einsatz gekommen sind. Diese Achsen entstanden anhand von Zeichnungen von Andreas. Die Konstruktion hatte sich bereits lange Zeit an verschiedenen anderen Fahrzeugen als standfest erwiesen. In diesem Fall kommt wieder die sechsgängige Schnecke mit einer Untersetzung von 4,5:1 zum Einsatz. Die Konstruktion lässt aber auch jede andere Schneckenradpaarung zu, solange der Wellenabstand 17 mm beträgt. Die 8-mm-Antriebswelle und die 6-mm-Eingangswelle stehen für Stabilität.

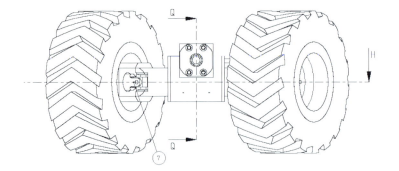

Nach dieser Zeichnung wurden die Achsen gefertigt

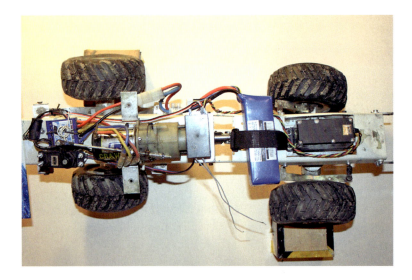

Rolling Chassis: Verschränkung nur über den biegeweichen Rahmen

Verteilergetriebe für`s Grobe, stabil soll es sein

Federung wird überbewertet

Bei genügend Traktion kann man die Verschränkung etwas hinten anstehen lassen. Die Federung wird beim gemütlichen Trialen vielfach überbewertet und wird daher an diesem 4×4 vernachlässigt. Die Vorderachse ist mit dem Rahmen fest verbunden, im Gegensatz zur Hinterachse, die über Blattfedern mit dem U-Profil verbunden ist. Eine Federung findet de facto nicht statt. Die Verschränkung wird über den biegeweichen Rahmen in Form eines Kabelkanals realisiert. Der Kabelkanal ist ein Abfallstück mit 65 mm Breite, wie er bei der Inhausverkabelung Verwendung findet. Er lässt sich in Längsrichtung verwinden, knickt aber dank der U-Form nicht ein. Für das Verteilergetriebe und das Lenkservo wurden Öffnungen in den Rahmen geschnitten.

Das Lenkservo ist ein Quaterscale mit 25 kg Stellkraft bei 4,8 V. Preis und Leistung sprachen für das Servo und die Baugröße ist unter der großen Motorhaube zu vernachlässigen. Mein bevorzugter Einbauort für ein Lenkservo ist direkt auf der Achse. Dies verhindert Einflüsse von außen. Hier ist dies ebenfalls so realisiert. In einem Hilfsrahmen steht das Servo direkt über der Achse. Der Servoarm schwenkt horizontal von links nach rechts und steuert dabei vor der Achse einen Achsschenkel an. Die Spurstange liegt BTA geschützt. Die Ackermannregel wurde hier außer Acht gelassen, dies auch deshalb, weil die Winkel aus dem Baumarkt sind und somit halt 90° vorgeben. Somit liegen die Lenkhebel parallel zu einander.

Der Antrieb zu den Achsen erfolgt über Kreuzgelenke mit gehärteten Lagerbuchsen aus Vergütungsstahl. Bei sechs Millimeter Wellendurchmesser konnten die Kardangelenke mit 16 mm Außendurchmesser etwas großzügiger gewählt werden. Als Schiebelement dient ein Vierkantprofil aus Messing mit dem dazugehörigen Vierkantstab. Über diese längenvariable Verbindung erfolgt der Kraftschluss zum Verteilergetriebe. Wie bei jedem Kardanantrieb ist darauf zu achten, dass Ein- und Abtriebsseite gleich ausgerichtet sind. Neben der Ausrichtung der Gelenke ist auch der Eintriebs- und Abtriebswinkel zu beachten. Für einen „runden Lauf" müssen diese Winkel identisch sein. Andersfalls kommt es zu einem Rucken in der Drehbewegung.

Das Verteilergetriebe

Das Verteilergetriebe besteht nur aus zwei gehärteten Stahlzahnrädern im Modul 1. Einfacher kann ein Verteilergetriebe nicht aufgebaut

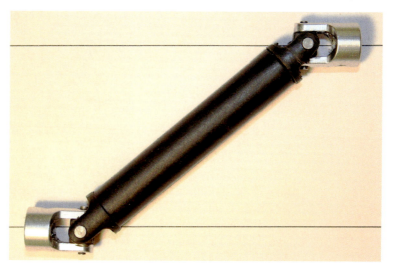

So sollten Kardangelenke ausgerichtet sein

Brushless-Motor und Akkuschrauber stehen für Kraft und Stabilität

werden. Die Eingangswelle ist direkt die Ausgangswelle des Zweigang-Akkuschraubergetriebes. So baut die Konstruktion kurz und stabil. Das Getriebe ist mit gerade einmal vier Schrauben im Rahmen fixiert. Jede Querverbindung stabilisiert den Rahmen und behindert so die Verwindung. Damit sich der Motor nicht aus der Verriegelung dreht, ist eine Zugstrebe zum Rahmen geführt. Der Originalmotor mit 18 V wurde am Anfang genutzt und verrichtete seinen Dienst zufriedenstellend.

Ein neuer Motor

Dem Ruf nach mehr Leistung wurde in Form des LRP-Truck-Puller Brushless-Systems entsprochen. Der Durchmesser der Motorwelle entspricht mit 3,2 mm dem Standardmaß. Das Ritzel wurde abgezogen und auf die Welle des bürstenlosen Motors aufgepresst. Durch Erhitzten des Ritzels wurde das Aufpressen des Ritzels erleichtert. Da der ursprüngliche Motor und der Crawler-Brushless zur Gruppe der 540er-Motoren zählen, sind die Aufnahmepunkte der Motoren identisch. Eine Verschraubung an den Originalpunkten ist somit möglich und erleichterte den Austausch. Der zum Motor passende

Im Vergleich zum Schaltservo wirkt der ESC recht klein

Truck-Puller ESC (Electronic Speed Control) weist eine Besonderheit auf. Er kann sowohl Bürstenmotoren als auch bürstenlose Motoren regeln. So ist der Schritt in die Brushless-Welt möglich, ohne direkt auch den Motor zu wechseln. Dank der Sensorsteuerung läuft der Motor ruckfrei an. Das Cogging, das ruckhafte Andrehen des Motors, sieht man gerne bei sensorlosen Brushless-Motoren. Der Regler muss erst die Lage des Stators ermitteln und stimuliert den Motor zum Rucken. Ist dieser Punkt überwunden drehen auch sensorlose Brushless-Motoren turbinenartig hoch. Dank der Hallsensoren im LRP läuft der Motor absolut ruckfrei an.

Regler- und Motordaten

Bei den Truckern und Trialern liegen in der Regel 12 V im „Akku-Tank". Hierfür ist der Regler natürlich konzipiert. Er deckt einen Spannungsbereich von 4,8 V bis 12 V ab. Für die Nutzer der empfindlicheren LiPo-Akkus hält der gerade mal 24,5 g leichte Zwerg einen Unterspannungsschutz bereit. LRP macht mit dem Truck-Puller somit einen Rundumschlag und deckt fast alles ab, was an Kraftquelle und Motor beim gefühlvollen Fahren eingesetzt wird.

Dass diese Technik kein Sonderangebot ist und seinen Preis hat, versteht sich eigentlich von selbst. Wer aber von Bürstenmotoren den Weg zum bürstenlosen Motor gehen möchte, findet hier den Einstieg, da er seinen Motor nicht gleich mit austauschen muss. Ein weiterer Aspekt bei einem guten Truck-Regler ist das BEC (Battery Eliminator Circuit). Gerade im Gelände wird den Servos einiges abverlangt. Mit 6 V und 5 A ist der Papierwert des Truck-Pullers schon sehr gut. Es verwundert ein wenig, dass der Kleine mit einer minimalen Kühlfläche auskommt.

Während des Fahrbetriebes kam der Regler nicht einmal an seine Grenzen. Ältere Generationen von Reglern hatten hier schon mal Probleme und bedurften einer Verschnaufpause, kleine PC-Lüfter halfen entsprechend. Sollte das BEC doch an seine Grenzen kommen empfiehlt sich ein externes BEC oder eine DSV. Als Motor kommt der Crawler Brushless zum Einsatz. Mit 21,5 Turns steht er in der Mitte von drei Motoren, die für das gefühlvolle Fahren in Betracht kommen. Den Einstieg bildet der Truck-Puller mit 80 W und 1.000 kV (Leerlaufdrehzahl/Volt). Die obere Grenze bildet der Crawler Brushless mit 18,5 Turns, 120 W und 2.000 kV. Dazwischen liegt der eingesetzte Motor mit 100 W und 1.600 kV. Bei einer Spannung von 7,2 V stehen somit 11.520 min^{-1} zur Verfügung, bei 11,1 V (3S-LiPo) sind es 17.760 min^{-1}.

Die Reifen

Diese Kraft muss natürlich auch auf den Boden gebracht werden. Verantwortlich hierfür zeichnen die Reifen. In diesem Fall altbewährte Traktorreifen aus dem Hause Conrad. Diese Reifen gehören zu den Urgesteinen im Trial-Zirkus. Zu den selfmade-Achsen gehören auch entsprechende Felgen, die auf den Reifentyp zugeschnitten sind. Die Reifen mit einem Außendruchmesser von 110 mm wurden auf den Felgen luftdicht verklebt. In eine Bohrung in der Felge wurde ein Autoventil eingeklebt. Diese bekommt man beim freundlichen Reifenhänd-

Verklebte Traktorreifen mit Luftfüllung

Beim Wettbewerb wird es schon mal etwas eng

Keine Angst vor Wasser und Schlamm

ler aus dem Abfall. Ventile aus dem Fahrradladen funktionieren auch, kosten aber Geld. Über die Ventile ist der Reifen mit Luft zu befüllen. So kann der Luftdruck dem jeweiligen Untergrund angepasst werden. Um Gewicht in die Reifen zu bekommen und somit den Schwerpunkt nach unten zu ziehen, lässt sich auf gleichem Wege Wasser in die Reifen füllen. Eine Methode, die auch bei Radladern im Original Verwendung findet.

Die Kombination aus kraftvollem und drehzahlfreudigem Brushless-Motor und robuster Industrietechnik in Form des Zweigang-Planeten-Getriebes aus dem Akkuschauber erweist sich als sehr standhaft. Kraft und Drehzahl stehen in allen Lebenslagen zur Verfügung. Der Krupp marschiert auch dank seiner guten Traktion einfach immer weiter. Aufhalten kann ihn eigentlich nur seine Karosserie. Die Ingenieure bei Krupp wollten den K960 damals wohl eher nicht in solches Gelände schicken. Die Überhänge der Karosserie vorne wirken zeitweise recht störend. Um dies ein wenig zu kompensieren, wurde die Kabine höher angebaut. Dadurch wanderte der Schwerpunkt etwas nach oben, dies fällt aber nicht so ins Gewicht, da die GFK-Karosserie nicht übermäßig schwer ist. Die Breite des Krupp K960 lässt sich natürlich nicht ändern. Dank der Breite steht der Krupp auch an extrem schrägen Hängen sicher. Hinderlich ist die Breite im Wettbewerb beim Durchfahren der Torstangen. Nicht immer lässt sich ein Tor genau gerade anfahren und dann schrammt die Torstange an der Karosserie. Dank der soliden Technik und dem hohen Einbauort der Elektrik ist die Aversion gegenüber Wasser eher gering. Wattiefen von mehr als Reifenhöhe sind kein Problem. Ein Kerl für´s Grobe, der kein Gelände scheut.

Unimog – Universal Motor Gerät 416

Gestatten mein Name ist Mog, Unimog. Eigentlich ist das ja gar nicht mein richtiger Name. Mit vollem Namen heiße ich Universal Motor Gerät 416. Die 416 verweist auf den langen Radstand, der bei diesem Modell von den beiden verfügbaren Rahmenlängen von 4.207 mm und 4.687 mm herrührt. Aber alle Welt nennt mich einfach nur Unimog und für meine Freunde einfach nur Mog. Für meinen Modellvater, Christian, bin ich das zweite Landkind. Mein älterer Bruder ist ein 1250 in 1:14. Neben seinen U-Booten haben es ihm die Offroader, und hier wir Universal Motor Geräte, angetan.

Im Unimog-Museum in Gaggenau wird er schon mit Handschlag begrüßt. Wenn Christian einen Unimog sieht, kann er nicht anders – er muss ihn aus der Nähe sehen, riechen und schm… äh fotografieren. Aus dieser Leidenschaft bin ich nun entstanden, ein Scale-Nachbau in 1:10. Meine Entstehungsgeschichte soll hier erzählt werden. Wie bereits erwähnt habe ich einen älteren, wenn auch kleineren, Bruder. Hier wurde bereits auf möglichst vorbildgetreue Auslegung der Technik wert gelegt. Ein geschwungener Rahmen, Portalachsen und eine Schraubenfederung standen bereits hier im Lastenheft. Bei mir sollte alles noch einen Tick scaliger werden.

Der Rahmen
Der Rahmen ist wie bei jedem Fahrzeug das Rückgrat und hält alles an seinem Platz. In meinem Fall wurden zwei Rahmen gefertigt. Im ersten Schritt ein kurzer Rahmen mit im Original 2.380 mm Achsabstand, daher bin ich als 406 geboren. Die beiden Rahmenhälften aus Aluminium wurden in CNC aus dem

Mein Rückgrat aus Edelstahl

Rahmenrohre, hart verlötet, halten die Rahmenhälften auf Abstand

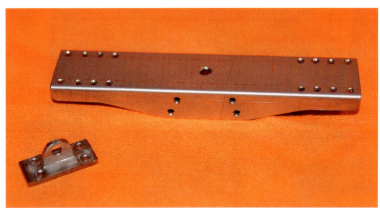

Heckabschluss, gekantet

Vollen gefräst. Sechs Rahmenrohre, verklebt mit UHU-Endfest, hielten die beiden Hälften auf 73 mm Außenabstand. Selbstredend trage ich meinen Bauch in meinem Alter mit Stolz, schließlich wurde ich bereits 1963 entwickelt. Da die Klebeverbindungen der Belastung nicht standhielten und die Fahrstabilität unter dem kurzem Rahmen litt wurde ich zum 416 befördert.

Der neue Rahmen

Edelstahl ist die Wahl der Stunde. Maschinenstahl, genauer gesagt Werkstoffnummer 1.4305, kam zum Einsatz. Gemeinhin wird nichtrostender Stahl als Edelstahl bezeichnet und anderes herum. Dies ist so nicht zwingend richtig. Nicht jeder Edelstahl ist nichtrostend und nicht jeder nichtrostende Stahl ist ein Edelstahl.

Der hier zum Einsatz kommende Stahl mit WNr. 1.4305 ist ein Chrom-Nickel-Stahl. Die Zerspanbarkeit, die Bearbeitung mit Maschinen, wird mit der Beigabe von Schwefel verbessert. Durch die Beigabe des Schwefels wird die Möglichkeit von Rostbildung angehoben. Nachteil dieses Maschinenstahls ist die geringe Eigenschaft zum Kaltverformen und auch zum Schweißen eignet sich diese Stahlart weniger.

Zwei Rahmenhälften wurden wieder gefräst. Die Rahmenbreite wurde natürlich beibehalten. Die Verbindungsrohre wurden hartgelötet. Mit

Vorderer Rahmenabschluss mit Hilfsträgern

Fangtaschen für die vordere Stoßstange

Die gebackene Stoßstange am Rahmen

Der Panhardstab vor der Achse, die Spurstange noch provisorisch

dem neuen Rahmen wuchs der Achsabstand auf 290 mm. Nach dem Hartlöten musste der Rahmen natürlich wieder in seinem Glanz erstrahlen. Dafür wurde mein Rahmen in fachkundige Hände gegeben. In einem Fachbetrieb wurde ich mit Glas auf Hochglanz gebracht.

Die Abschlussteile am Heck wurden aus Alu und Edelstahl gefertigt und mit 1,6-mm-Schrauben fixiert. Diese Anbauteile konnten teilweise vom ursprünglichen Alurahmen übernommen werden. Am vorderen Ende findet sich, wie überall, die Stoßstange, hier aus Kohlefaser. Wie im Original hängt die Stoßstange in Fangtaschen und wird über eine kleine Schraube, im Original ein Knebel, fixiert. Man findet bei meinen einfacheren großen Artgenossen aus Gaggenau auch geschraubte Stoßstangen. Bei mir wurde die noblere Form der Stoßstangenaufhängung realisiert. Sollte ein Frontgerät später mehr Platz bedürfen, kann die Stoßstange mit geringem Aufwand entfernt werden.

Als Vorlage für die Stoßstange stand ein Originalplan von 1965. Das Urmodell der Stoßstange wurde gefräst und eine zweiteilige Form angefertigt. In diese Form wurde Kohlefaser laminiert. So landete mein vorderer Rammschutz im Vakuumsack und wurde im Wärmeschrank ausgehärtet. Wärmeschrank hört sich so hochtrabend an. Eine Kiste aus Styroporplatten dient als Isolierung. Als Wärmequelle kommt eine normale Glühbirne mit 60 W zum Einsatz. Ein Vorrat dieser Wärmequelle wurde eingelagert, da der Gesetzgeber diese Glühbirnen aus dem Handel verbannt hat. Natürlich kann man auch im Backofen durchhärten, das führt aber gerne zu unnötigen Diskussionen mit der Chefin.

Das hintere Ende meines Rahmens wird durch ein Abschlussblech gebildet. Mit einem spitzen Fräser wurden in Flachmaterial aus Edelstahl die Biegelinien vorgezogen und die Konturen abgefahren. An den Biegelinien wurde das Material gekantet. So in Form gebracht konnte das Abschlussblech mit dem Rahmen verschraubt werden.

Die Achsen

Dem interessierten Laien ist bekannt, dass jeder Unimog auf Portalachsen durchs Leben fährt. Auch in meinem Fall wurde diese Besonderheit auf das Modell übertragen. Die Namensgeber wurden aus Edelstahl aus dem Vollen gefräst. An der Vorderachse wurde der Drehpunkt des Achsschenkels um 10° nach unten außen gekippt. Somit liegt der Drehpunkt der Lenkung unterhalb des Reifens. Die in der Originalzeichnung genannten 2° Versatz der Achsfaust wur-

Die Portalachse mit ihren Zahnrädern

Das Gehäuse des Portals, vor und nach dem Bearbeiten

den ebenfalls verwirklicht. Verbunden sind die Achsfäuste mit den Achsschenkeln über Madenschrauben, die sich in Igus-Lagern wohl fühlen. Für einen optimalen Lenkeinschlag über 45° wurden Doppelgelenke aus Edelstahl (WNr.: 1.4305) gefertigt. Als Besonderheit ist die Wellenaufnahme zur Achse zu nennen. Hier wurden zwei achsparallele Bohrungen einge-

bracht. Die zwei Stifte in diesen Bohrungen fügen sich in Nuten der Achswelle. Bedingt hierdurch entfällt die sonst übliche Madenschraube, hierfür wäre kein Platz vorhanden und ein Längenausgleich steht als Abfallprodukt auch im Lastenheft.

Auf der Portalseite des Doppelgelenkes findet sich das Antriebsritzel. Die Nabe des Ritzels wurde dahingehend bearbeitet, dass sie als Gegenstück des Kreuzgelenkes in einem Kugellager geführt wird. Als Mitnehmer fungieren zwei tote Bohrer, die als Ersatz für die Hirth-Stirnverzahnung herhalten müssen. Den Begriff der Hirth-Verzahnung gilt es etwas zu erläutern. Albert Hirth hat diese Art der Verbindung zu Beginn des 20. Jahrhunderts erfunden. Zwei Formteile, einem Tellerrad nicht unähnlich, greifen axial ineinander und stellen so eine Verbindung her.

Das Ganze wird über eine Buchse für das zweite Kugellager und eine hochfeste Schraube fixiert. Das Ritzel (12 Zähne) treibt das Zahnrad (27 Zähne) an. Dieses Zahnrad ist über acht Schrauben (2 mm) mit dem Felgenmitnehmer verbunden. Die Nabe des Zahnrades und der Flansch des Felgenmitnehmers werden in einem Kugellager gemeinsam zentriert. So ein Zahnrad kommt nicht ohne zweites Kugellager aus. Dieses findet sich innen in einer Sackbohrung im Portal.

Die Achsrohre sind an beiden Achsen unterschiedlich lang und in den Differentialgehäusen verschraubt. Aus der unterschiedlichen Länge ergibt sich ein Versatz der Differentialgehäuse von 10 mm zur Fahrzeugmitte. Somit ergibt sich mehr Bodenfreiheit unter der Achsenmitte. Selbstredend alles aus dem bereits genannten Maschinenstahl. Das Differentialgehäuse wurde dem Original nachempfunden. Zielsetzung war die möglichst schlanke Umsetzung. Hier gegen sprachen die Abmessungen der Messingkegelräder, mit einer Untersetzung von 3:1, im Innern. Zu Testzwecken wurde das Gehäuse in Kunststoff gefräst. So konnten Unzulänglich-

Lenkeinschlag ist dank Doppelgelenk reichlich vorhanden

keiten im CNC-Programm eliminiert werden. Dies ging in Kunststoff schneller und preisgünstiger als in Edelstahl. Die endgültige Form in Edelstahl brauchte neun Stunden auf der Fräse. In weiteren Schritten wurden die Bohrungen (2 mm) zum Verschrauben der beiden Gehäusehälften und die Aufnahmen für das Schubrohr hergestellt.

Die Schubrohre

Eine weitere Besonderheit von uns Universal Motor Geräten sind die Schubrohre. Diese schützen den Antriebstrang vor Einflüssen oder gar Schlägen von außen und sind auch ein Bauteil der Achsführung. Die Schubrohre nach vorne und hinten zu den Achsen sind unterschiedlich lang. An den äußeren Enden der Schubrohre findet sich jeweils ein Feingewinde. Über dieses Gewinde lässt sich das Spiel der Kegelräder in den Achsen entsprechend feinfühlig justieren. Geführt werden die Schubrohre am Getriebeeingang in einer Schubkugel, die wiederum in einem Igus-Lager geführt wird. Das Lager wurde für die Schubkugel extra gefräst. Dazu wurde Vollmaterial in die Schubkugelaufnahme des Getriebes gepresst und dort gefräst.

Schubrohr-Innenleben: Zwei alte Bohrer dienen als Mitnehmer

Aufhängung der Achsen

Den ersten Teil der Achsaufhängung haben wir in Form der Schubrohre bereits kennen gelernt. Nun sollen die Achsen unter dem Rahmen sich auch bewegen können. Hierfür kommen in der Unimog-Familie Schraubenfedern zum Einsatz. Diese werden über Federteller an der Achse gehalten. Die Federteller mussten ebenfalls neu gefräst werden, da die ursprünglichen Teile aus Aluminium mit dem Alurahmen verklebt worden waren. Die auf die Achsen einwirkenden Längs- und Querkräfte werden über

Hinterachsaufhängung, gekaufte Federn und Do-it-yourself-Stoßdämpfer

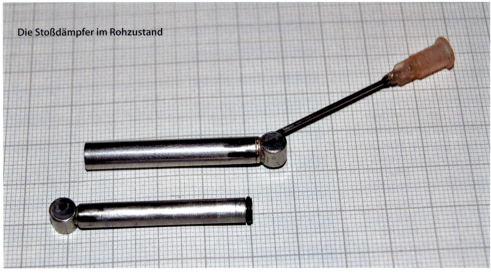

Die Stoßdämpfer im Rohzustand

die Panhardstäbe und Achsrohrverstrebungen aufgenommen. Die Schubkräfte werden über das Schubrohr in die Schubkugel geleitet. Die Verdrehung der Achsen zum Schubrohr wird mit Streben von den Achsen zum Schubrohr unterbunden.

Neben den Federn, die als eins der wenigen Teile gekauft sind, kommen noch Stoßdämpfer zum Einsatz. Ein Edelstahlrohr wurde mit einer Abschlusskappe versehen. Der Kolben im Innern hat am oberen Ende einen O-Ring der als Dichtring fungiert. Ursprünglich war mit

Der Powerblock mit der Vorderachse

Rollender Rahmen im edlen Look

einer Spritzenkanüle ein Ausgang zu einem Ölreservoir geplant. Diese Verbindung zeigte sich aber als wenig belastbar. Das Dämpferauge ist mit dickwandigem Silikonschlau ausgekleidet. Im Original arbeitet an gleicher Stelle ein Gummipuffer und erlaubt so, wie im Modell, die eingeschränkte Bewegung des Dämpfers.

Der Powerblock

Wir haben bisher eine wesentliche Komponente außer Acht gelassen; Motor und Getriebe. Als Motor kommt wieder ein Kaufteil, ein Brushless-Motor mit 21,5 Turns der Platinum-Serie von Robitronics zum Einsatz. 2.100 KV, Leerlaufdrehzahl pro Volt, nennt der Vertrieb für diesen Motor.

Als Kraftquelle kommen in der Regel drei LiFePo-Zellen zum Einsatz. Diese sind, wie schon erwähnt, weitaus weniger mit Vorsicht zu behandeln als ihre Verwandten, die LiPos. Mit 3,3 V pro Zelle liefert der Motor dann eine Leerlaufdrehzahl von annähernd 21.000 Umdrehungen pro Minute. Der Motor gibt diese enorme Drehzahl über einen Zahnriemen mit einer Übersetzung von 2,66:1 an das Getriebe weiter. Dies senkt im ersten Schritt die Drehzahl sorgt aber primär dafür, dass das Motorgeräusch vom Antrieb entkoppelt wird. Das Getriebe selbst ist ein Getriebe mit drei Gängen:

1. Gang   6,2:1
2. Gang   3:1
3. Gang   1,5:1

Alle Wellen sind selbstredend kugelgelagert. Die verbauten Zahnräder sind permanent im Eingriff. Schiebestücke mit Stahlstiften stellen den Kraftschluss für den jeweilgen Gang her. Der zweite Gang ist federnd voreingestellt. Sollte sich die Verbindung zum Schaltservo lösen, wird über die Federn der mittlere Gang automatisch eingelegt. Diese Verbindung zum Servo ist als Servosaver ausgelegt. Ähnlich einem Federstoßdämpfer sorgen Schub und Zugfedern dafür, dass die Gänge nicht mit Gewalt reingedrückt werden, sondern sanft einrasten, wenn es die Stellung der Schaltklauen zulässt.

Der technische Rundgang ist somit erstmal beendet. Das Rolling Chassis steht hoch glänzend in seinem Edelstahllook proper da. War es

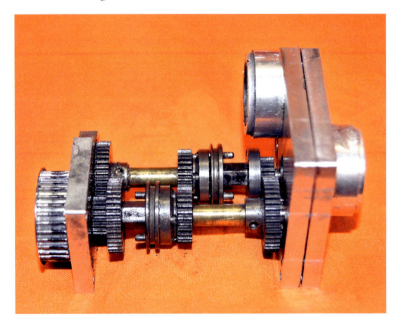

Die Zahnräder im Dreiganggetriebe sind ständig im Eingriff

Die Karosserie wurde aus Resin und Glasfaser gegossen, leicht und stabil

nötig den Rahmen in Edelstahl zu bauen? Bestimmt nicht, aber es war möglich und darum ging es. Sicherlich gibt es andere Metalle, die weit einfacher zu bearbeiten sind. Aber es sollte edel werden und da hat sich der Edelstahl quasi in den Vordergrund geschoben.

Die Fahrerkabine

Meine Fahrerkabine ist ebenfalls aus eigener Produktion. Wie schon beim Krupp 960 und dem Iveco Massif wurde eine Positivform der Kabine des Unimog 416 abgeformt, so dass eine Negativform entstand. Diese wurde nach bewährter Art und Weise mit Glasfasermatten und Resin ausgelegt. Diese GFK-Form ist dem harten Alltag gewachsen. Einen Überrollkäfig brauche ich nicht. Das Ding ist mehr als stabil. Mein Heck sieht als Rolling Chassis ein wenig nackt aus. Ich bin ein Universal Motor Gerät, die Betonung liegt hierbei auf Universal! Es gibt nichts was es nicht gibt und so hat Christian auch alle Möglichkeiten offen gelassen.

Für den Trialwettbewerb habe ich einen superleichten Aufbau, gerade mal 56 g, aus Blech erhalten. Die Bleche sind alte Druckbögen, die unser Modellbaufreund „Onkel Schrott" aus dem Wertstoff gerettet hat. Die Druckseite liegt natürlich innen und die ehemalige Innenseite strahlt poliert nach außen, auch wenn man davon nichts sieht. Ganz genau besteht der Aufbau aus mehreren Einzelteilen. Vorne und hinten jeweils eine Form einem Satteldach nicht unähnlich. Dazwischen Makrolonstäbe, die die äußere Form nachzeichnen. Makrolon ist sehr leicht und doch sehr stabil. Überspannt ist das ganze mit Drachenbaufolie, die ebenfalls sehr leicht und widerstandsfähig ist. Damit es regelkonform wird, ist der Abstand zwischen erstem Satteldachbogen und der Fahrerkabine mit einem Blechstück überdeckt. Für den Trialwettbewerb zieht Christian mir dann ganz besondere Schuhe an. Wie (fast) alles an mir sind auch die Reifen natürlich selbst gemacht. Sie sind besonders weich gemischt, damit ich an den Kanten guten Grip habe, also mich richtig festkrallen kann. Als Universal Motor Gerät ist aber auch der Einsatzort universal. Und so muss mein Trial-Reifen auch auf matschigem Untergrund zurechtkommen und somit fahre ich auf bewährtem Ackerprofil. Der eingefahrene Dreck

▲ Als Unimog 416 steh ich sicher am Hang

◀ Der Wettbewerbsaufbau für das Heck, Makrolon, Drachenstoff und ein wenig Blech

schiebt sich zur Reifenaußenkante. Zusätzlich sorgt das Walken der weichen Reifen dafür, dass ich den Dreck in den Reifen wieder loswerde. Nun gibt es nicht jeden Tag einen Wettbewerb. Und nur so für wenige Einsätze im Jahr bin ich Christian zu universell. Einen Kipperaufbau trage ich auch von Zeit zu Zeit. Dann bekomme ich meine schweren Schuhe angezogen. Vom Profil genau so geschnitten, die kommen ja alle aus einer Form, aber eine ganz andere Shore-Stärke. Hier brauche ich viel Tragkraft an den Reifen, sonst steh ich mir die Füße platt.

Die Zukunft

Es sind noch jede Menge Anbauteile in der Planung, jedes Mal wenn Christian wieder einen meiner großen Kollegen sieht, muss er ihn aus der Nähe sehen, riechen und schm…, äh fotografieren und dabei kommt ihm jedes Mal wieder etwas Neues in den Sinn. Ich melde mich dann später an anderer Stelle und werde berichten.

Wie wäre es mit einer Achse mehr?

Wer sich diese Frage stellt, der kommt um die Truck-Trialer nicht herum. Beim gemütlichen Offroad-Fahren sind es die schweren Laster, die als Dreiachser, 6×6, oder als Vierachser, 8×8, im Gelände rollen. Im Scaler-Bereich gibt es im Original ein paar Exoten, die man auf Videoportalen immer wieder bewundern kann. Dies sind in der Regel Eigenbauten auf Geländewagenbasis, denen ihre Besitzer eine Hinterachse mehr spendiert haben. Diese bilden aber die Ausnahme. Beim Original-Truck-Trial finden sich die Mehrachser in den Klassen S4, S5 und P2. Wer die Gelegenheit hat, sich einen Trial-Lauf der Trucks live in Staub und Dieselgeruch zu erleben, sollte die Chance unbedingt wahrnehmen. Es gibt keine andere Motorsportart, bei der man so nah an die Akteure und ihre Fahrzeuge herankommt. Leider wurde die Deutsche Truck-Trial-Meisterschaft zur Saison 2012 eingestellt. Nun hält nur noch die Europa-Truck-Trial-Serie die Fahne dieser Motorsportart hoch.

Der Wunsch nach einem Mehrachser mag verschiedene Gründe haben. Das Spiel der Ach-

MAN 8×8 mit Boogie-Achsen beim Trial in Ahlhorn

Ural 6×6 in Bremen

Unimog 6×6: Das Original fährt bei der australischen Armee

sen im Gelände mag ein wesentlicher Punkt sein. Das langsame Auf und Ab der Achse mag immer wieder zu verzaubern. Es mag auch die Kraft für einen Mehrachser sprechen. Mehr Achsen stehen auch für mehr Vorwärtsdrang und die entsprechende Kraft, die dazu gehört. Oder einfach, weil man einen 6×6 oder 8×8 fahren möchte. Es kann manchmal so einfach sein.

Kleine Achskonfigurationlehre
An den Jeeps und Pickups der Scaler-Szene kennt man 4×4. Vier Räder sind zu sehen und vier werden angetrieben. Gesellt sich eine weitere „4" hinzu wird es zum 4×4×4. Vier Räder sind auch gelenkt. Beim Standard-Truck spricht man vom 6×6(×2). Sechs Räder sind zu sehen und sechs werden angetrieben. Zwei

Actros beim Gartentrial: In dieser Situation tragen die mittleren Achsen das gesamte Gewicht

Räder sind gelenkt. Beim 6×6×4 werden zwei Achsen, sprich vier Räder gelenkt. In der Regel befinden sich diese Vorne direkt hintereinander. 6×6×6 finden sich im Original beim Wettbewerb nur in der P2, der großen Prototypenklasse. Auch bei den Modell-Trialern gelten diese Fahrzeuge als Prototyp. Beim 8×8 sieht es entsprechend aus.

Die Sache mit den Achsen

Die einfachste Form einen Dreiachser zu bauen, ist eine weitere Achse hinten anzuhängen. Der bestehende Rahmen wird verlängert und die dritte Achse wird der ersten Hinterachse entsprechend montiert. Gerade bei Achsführungen mit Schraubenfedern ist diese eine praktikable Möglichkeit.

In der Regel kommen bei einem solchen Konstrukt einfache Achsen mit Kegelradantrieb zum Einsatz. Der Nachteil solcher Achsen ist die Umkehrung der Drehrichtung der Kardanwelle zwischen erster und zweiter Hinterachse. Durch die Umkehrung der Drehrichtung wird der Torquetwist, der schon beschriebene Tanz der Achsen, noch mal verstärkt. Unter Last fährt ein Dreiachser mit solchem Achsaufbau gerne auf vier Rädern durch den Parcours. Hier kann eine härtere Federung helfen das Problem einzudämmen. Verhindern lässt sich dieses Phänomen durch den Einsatz von Achsen, die die Drehrichtung der abgehenden Kardanwelle mit der eingehenden gleichsetzten, bzw. diese erst gar nicht umdrehen.

Schneckenachsen führen die Schneckenwelle über die Achswelle und eignen sich somit ideal zum einfachen Bau eines Mehrachsers. Zum einen kann bei Schneckenachsen kein Verdre-

Die Drehrichtung der Kardanwellen wird hierbei umgekehrt

hen der Achsen zum Rahmen auftreten, da die Schnecke primär über das Schneckenrad läuft und bei blockierter Achswelle den Achskörper um die Achswelle drehen würde. Eine Verdrehung der Achse in Drehrichtung der Kardanwelle ist somit unmöglich.

Bei Kegelradantrieben gibt es die Möglichkeit auf die Ausgangswelle nicht direkt das Kardangelenk zu setzten, sondern zuerst eine 1:1-Übersetzung mit einem Zahnrad zu verbauen. Diese „Übersetzung" richtet die Drehrichtung der Ausgangswelle gleich der Eingangswelle. Das Verdrehen der beiden Hinterachsen zueinander wird so unterbunden. Das eigentliche Problem entsteht, weil Achswelle und Antriebswelle in der Regel auf einer Ebene liegen und somit eine von beiden geteilt werden muss. Wird die Antriebswelle über der Achswelle geführt, muss der Höhenunterschied überbrückt werden. Dies kann auch im Achsgehäuse geschehen. Dieser Aufbau ist bei Kaufachsen selten zu finden.

Eine Alternative zu zwei separaten Achsen ist der Einsatz von Boogie-Achsen. Boogie-Achsen kennt man insbesondere von Holzerntemaschinen. An einem Achskörper wird an der Achswelle nicht direkt das Rad angebaut, sondern eine Wippe mit einer innen liegenden Zahnradkaskade. Die Montage der Wippe kann zentral oder dezentral erfolgen. Mit der zentralen, der mittigen Aufhängung, werden alle vier Räder gleichmäßig belastet. Daraus folgt, dass

Vorne Schneckenachsen pendelnd, hinten Boogie-Achsen

Worminator 6×6
mit Bruder Scania-
Aufbau

Anlenkung der
Vorderachsen in
Vollendung

bei dezentraler Ausrichtung ein Radpaar stärker belastet wird.

Ein zentrales Problem bei der Hinterachsaufhängung sind die Achsen und ihr Antriebskonzept. Bei zu weicher Aufhängung in Verbindung mit direkten Kegelradantrieben in den Achsen kann es zum Torquetwist der Hinterachsen kommen. Die Hälfte der Antriebskraft geht dabei verloren, da das jeweils diagonale Rad in der Luft dreht. Dieses Problem wird bei einem LKW mit vier Achsen nochmals verdoppelt. Bei zwei gelenkten Achsen fällt das Konzept der Boogie-Achsen weg. Es müssen also zwingend zwei separate Achsen verbaut werden. Der Torquetwist ist an den Vorderachsen doppelt unangenehm, da nicht nur Antriebskraft verloren geht, sondern auch Lenkkräfte. Ein Mehrachser möchte primär immer nur eins, insbesondere wenn starrer Durchtrieb verbaut ist, geradeaus. Bodenkontakt an der Lenkung zu verlieren schmerzt somit besonders. An den Vorderachsen kommt hinzu, dass die vier Antriebsräder vier unterschiedliche Radien durchlaufen. Die Lenkgeometrie muss entsprechend angepasst werden, was bei der Anzahl der Aufhängungskomponenten nicht einfacher wird.

Aus zwei mach eins

Neben der Möglichkeit einen 4×4 mit zusätzlichen Achsen zum 6×6 oder gar 8×8 aufzurüsten, haben nicht wenige Modellbauer einen anderen Weg gewählt, nämlich aus zwei mach eins.

Wer stolzer Besitzer zweier identischer Geländechassis ist, kann durchaus in Versuchung geführt werden, diese zu opfern, um daraus einen großen Truck zu bauen. Man bekommt günstige Ersatzteilträger oft in Verkaufsbörsen

Zwei Tamiya TA02 wurden hierfür geopfert

Aus zwei Crawlern entstand dieser 8×8×8 – eine Wette war Schuld

im Internet angeboten. Für wirklich kleines Geld lässt sich ein altes Tamiya-TA02-Chassis erwerben. Bei der Einzelradaufhängung des TA02 schreit diese Konstruktion gerade zu danach, zu einem Tatra vereint zu werden. Aber auch aus der Crawler-Fraktion lassen sich Chassis zum Bau eines Vierachsers nutzten. Aus einer Wette heraus entstand der 8×8×8 aus zwei Crawler-Chassis. Ohne dass alle vier Achsen gelenkt würden, käme dieser Lindwurm nur schwer um eine Kurve.

Bausätze

Wer nicht selbst konstruieren kann oder möchte, dem bleibt der Weg zum Händler des Vertrauens. Es gibt bei den 6×6 durchaus bezahlbare geeignete Bausätze für den gemütlichen Offroad-Einsatz. Aus Deutschland kommt robbe mit dem MAN MIL gl 6×6, einem komplett Bausatz im Maßstab 1:14,5. Ein ausführlicher Test ist in der Truckmodell dazu erschienen. Die Amerikaner aus Kalifornien, RC4WD, bringen direkt zwei Dreiachser an den Start. Wobei es sich hierbei um ein Rolling Chassis handelt, die der Modellbauer noch mit einer Karosserie verschönern muss. Zum einen der Worminator, mit den bereits beschriebenen Achsen, und „The Beast". Dieses Chassis kommt im Maßstab 1:10 daher und steht mit seinen 2,2-Zoll-Reifen in einer größeren Liga. Ursprünglich kommt dieses „Rolling Chassis" als 6×6 über den großen Teich. Das der Umbau zum 8×8 durchaus möglich ist, hat Julian Dänzer eindrucksvoll bewiesen. Auf dem Scalerun 2012 in Dortmund zeigte er seine Interpretation eines 8×8.

robbe Baukasten MAN Mil gl 6×6

„The Beast" von RC-WELT.EU, hochgerüstet zum 8×8

Vom Crawler zum Scaler

Wer einen Crawler sein Eigen nennt, kommt vielleicht früher oder später auf die Idee, diesen zum Scaler umzuwandeln. Am Beispiel des Losi Microcrawlers möchte ich hier diesen Weg aufzeigen.

Das Original

Der Losi Micro Rock Crawler wird RTR im Maßstab 1:24 angeboten. Ein nettes kleines Spielzeug für den Schreibtisch und die Couch. In die freie Wildbahn, in den Dreck möchte man den kleinen nur ungern entführen. Seine offene Getriebeeinheit mag die kleinen Steinchen nicht so gerne. Diese Bösewichte könnten schnell viel Karies im Getriebe verursachen.

Aber für den Kleinen ist schnell ein Gelände aus Büchern, Aktenordnern und anderen Schreibtischutensilien zusammengestellt. Wenn dann irgendwann der Modellbauer in einem durchkommt und der Ruf nach Veränderung laut wird, hat die Firma CustomCuts das richtige Zubehör für den Micro Crawler.

Mario Schulze hat einen Umbausatz für den Losi entwickelt. Die Bauteile, wie Rahmen, Blattfedern und Felgen lasert er aus Acryl. Im Internet gibt es eine Reihe von verschiedenen Plastikbausätzen im Maßstab 1:20. Die Pickups passen in der Breite zu den Achsen. Ich habe mich für den Chevy S10 von Lindberg entschieden. Alles wurde direkt bei www.customcuts.de online geordert. So hat man die Sicherheit, dass alles zusammen passt. Der DHL Bote brachte das Paket ein paar Tage später. Recht unscheinbar das Päcken. Den größten Platz im Paket benötigt der Lindbergbausatz, daneben ein flacher Karton mit den Laserteilen von Mario Schulze. Alle Laserteile sind fein säuberlich in Plastiktütchen verpackt und beschriftet. Besonders ins Auge fallen die beiden Rahmenteile. Wie es sich für einen ordentlichen amerikanischen Pritschenwagen gehört, werden die Starrachsen

◀ Das Ausgangsprodukt, der Losi Micro-Crawler

Die einzelnen Teile vor der Montage

mit Blattfedern unter dem Rahmen gehalten. Die Blattfedern werden in drei Stärken, weich, mittel und hart, angeboten. Die Lebensspanne der Federn ist umgekehrt proportional zur Härte. Je weicher je empfindlicher. Eine Ersatzfeder liegt jeweils bei.

Demontage und Umbau

Vor dem Umbau erfolgt die Demontage des Losi Micro Crawlers. Alles lässt sich leicht auseinanderschrauben. Der Rahmen findet keine weitere Verwendung, genau so wenig wie die Reifen samt Felgen. Motor und Getriebe werden später wieder genutzt. Das Werkzeug zur Demontage liegt dem Losi bei.

Die Rahmenhälften aus Acryl bilden das Rückgrat für den Scaler. In der Mitte findet die Getriebeeinheit samt Motor ihren Platz. Vorne und hinten halten Abstandshalter die Rahmenhälften auf Distanz. Die Schrauben in M2 wurden über www.knupfer-grossbahn.de geordert. So zusammengefügt entsteht ein verwindungssteifer Leiterrahmen. Vor der Montage der schneckengetriebenen Achsen muss die Vorderachse noch ein wenig den neuen Gegebenheiten angepasst werden. CustomCuts liefert hierfür eine Tuning-Spurstange mit. Die Servoposition muss für die Ansteuerung umgekehrt werden. Drei der vier Halteschrauben verrichten ihren Dienst weiter. Eine Schraube wird zur Befestigung der Spurstange genutzt.

So vorbereitet wandert die Vorderachse an ihren Platz. Gehalten werden beide Achsen über Blattfedern. Diese werden mit kleinen Nasen an den Achsen fixiert. Die Blattfedern werden im Rahmen mit einer festen und einer losen Verbindung gehalten. Da die Blattfeder bei ihrer Arbeit die Länge verändert, ist die lose Verbindung zwingend mit etwas Spiel zu montieren. Ist die Feder zu fest montiert führt dies unweigerlich zum Bruch der Feder. Nachdem die Achsen unter dem Leiterrahmen montiert sind

Montierter Rahmen mit Motor und Getriebe

Vorderachse mit Lenkservo

sieht man, dass die Kardanwellen natürlich viel zu kurz sind. Die Original-Kardanwellen werden in der Hälfte gekappt. Zur Verlängerung der Wellen wird ein Strohhalm saugend über die beiden Wellenhälften geschoben. Den geringen Kräften hält diese Konstruktion problemlos stand. Ohne Kleber hat man so sogar eine Rutschkupplung integriert, die das Getriebe und den Motor zusätzlich schützt. Das Rolling Chassis ist somit fast fertig.

150 mAH und 4,8 V liefert der NiMH-Akku, der seinen neuen Platz auf dem Lenkservo findet. Hier wird er mit Klettband fixiert, so dass man ihn zum Laden leicht lösen kann. Da der Akku später durch die Motorhaube zu sehen sein wird, wird er mit Teilen aus dem Plastikbausatz optisch aufgepeppt. Luftfilter, Hosenrohr vom Auspuff und das Lüfterrad pimpen den Akku. Der Empfänger inklusive Fahrregler findet seinen Platz unterhalb des Rahmens. Eine glatte Fläche am Fahrzeugboden ist die Folge. Mit im Lieferumfang sind die superweichen Reifen und die passenden Kunststofffelgen. Diese Kombination ist schnell montiert und jetzt steht der Rahmen fahrbereit vor einem. Der erste Fahrtest auf dem Schreibtisch kann erfolgen. Der Kleine 4×4 macht sich ordentlich über Maus und Tastatur.

◀ **Gestylter Akku als Motorattrappe**

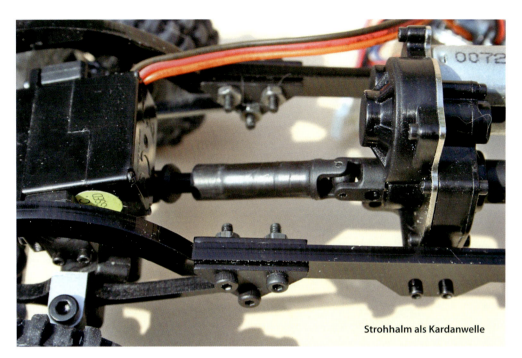

Strohhalm als Kardanwelle

Rolling Chassis

Wie bereits erwähnt wurde der Lindbergbausatz des Chevy S10 direkt mitbestellt. Im Netz finden sich aber auch andere wirklich schöne Pickup-Bausätze. Der S10 passt in den Abmessungen sehr gut zum Chassis. Eins haben die Bausätze alle gemeinsam. Sie sind für die Vitrine konzipiert und passen eigentlich nicht auf ein fahrbereites Chassis. Also müssen ein paar konzeptbedingte Änderungen stattfinden. Der größte „Klotz" ist das Getriebe samt Motor. Dieses ragt nach oben über den Rahmen hinaus. Hier ist eigentlich das Interieur mit den beiden Sitzen eingeplant. Das Getriebe brauchen wir noch, also muss die Bodengruppe samt den

Der „Motor" aus dem Lindbergbausatz auf der Ladefläche

◀ Nicht nur Pickups werden als Bausatz angeboten

Sitzen ein wenig Material einbüßen. Der Minitrennschleifer zeigt seine Wirkung und so entsteht die Aussparung für das Getriebe.

Befestigungspunkte für die Karosserie werden in Form von zwei Metallstiften in den Leiterrahmen vorne angebracht. Zwischen diesen beiden Punkten und der Getriebeeinheit klemmt sich die Fahrerkabine. Der Zugang zum Akku erfolgt über die zu öffnende Motorhaube. Geladen wird der Akku außerhalb des Wagens an einem Akkupack. Hier hat sich gegenüber dem Losi Microcrawler, dem Ausgangsprodukt, nichts geändert. Mit vollem Akku klettert der Pickup gut über die Couch und natürliche Hindernisse, die man so auf einem Schreibtisch findet. Die freie Wildbahn mit kleinen Steinchen und Feuchtigkeit mag der kleine auf Grund der filigranen Technik eher weniger. Auch sind die Reifen, die CustomCuts.de beilegt so weich und klebrig, dass diese jeden Dreck aufsammeln. Auf sauberem Untergrund greifen die Reifen umso besser. Ein Spielzeug mit scaligem Äußerem für die Bürowildnis oder das Diorama zu Hause.

◀ Sein wahres Zuhause, der Bürotisch

Axial Wraith „Der Rock Racer"

Der Wraith von Axial in 1:10 kommt im ersten Moment etwas irritierend daher. Die Aufmachung mit den großen 2,2×5,5 Zoll-Reifen und dem Gitterrohrrahmen, die fehlenden Kotflügel und die nur leichte Karosserie lassen an einen reinen Crawler denken. Verwirrung stiftet aber der Untertitel, „Rock Racer". Ein Steinflitzer, einer der nicht schleicht, sondern wild über die Steine heizen kann. Wir wollen doch mal sehen, wo der Wraith, englisch für Gespenst, seine wahren Wurzeln hat und wie er sich so schlägt.

RTR

Der Wraith kommt hier als echter RTR (Ready to run). Akku rein und los ist die Divise. Für die Freunde des Modellbaues gibt es den Wraith auch als Bausatz. Beim Auspacken erlebt man zwei wirklich feine Überraschungen. Zum einen liefert Axial einen umfangreichen Satz an Ersatzteilen und Anbauteilen mit und es liegt eine umfassende und detaillierte Bauanleitung bei. Für einen Vertreter der Klasse „ready to run" nicht gerade eine Selbstverständlichkeit.

Der erste Eindruck

Vor der wilden Hatz wollen wir uns das Gespenst mal näher anschauen. Der Rohrrahmen ist nicht aus Metallrohren geschweißt, sonder aus hochfestem Composite-Kunststoff verschraubt. Hier am Rahmen sind alle Schrauben mit Inbusköpfen verschiedener Größen

Eine stolze Erscheinung

versehen. Alles macht einen stabilen Eindruck. Die Karosserieteile sind beim RTR fertig lackiert und ebenfalls mit dem Rohrrahmen verschraubt. So lassen sich im Fall der Fälle die Karosserieteile schnell und einfach demontieren. Zentral, von Sitzen und weiterem Interieur verdeckt, liegen die Getriebeeinheit und der Motor. Der Motor ist ein alter Bekannter. Die 540er-Silberbüchse mit 20 Turns kommt

Rohrrahmen aus Composite-Kunststoff

mal wieder zum Einsatz. Ein Motor, der als „Brot-und-Butter"-Antrieb eigentlich überall zum Einsatz kommt. Das Getriebe ist kompakt gehalten und schön gekapselt und somit vor übermäßigem Dreck geschützt.

Im Vorderwagen findet sich der Empfänger ebenfalls gut geschützt in einer separaten Box. Der Fahrregler liegt vor der Bordwand der Karosserie. Dieser kann nicht ohne weiteres gekapselt werden, da sonst thermische Probleme auftreten können.

Am tiefsten Punkt im Rahmen sitzt das Getriebe auf der Bodenplatte und hier sind auch die Längslenker zur Vorder- und Hinterachse angeschlagen. Die Streben der Vierpunktaufhängung sind ebenfalls aus Composite-Kunststoff gegossen. Hier sind auch keine Probleme zu erwarten, dazu hat Axial genug Erfahrung bei den übrigen Fahrzeugen sammeln können. Die Fahrwerksaufhängung ist typisch für einen Crawler und führt uns direkt zu den Achsen. Wie erwartet verbaut Axial auch hier Kunststoff so weit das Auge reicht. Die äußerliche Inspektion brachte erstmal viel Kunststoff, was nicht unbedingt schlecht ist. Vorteile des Kunststoffes sind auf der einen Seite sein geringes Gewicht bei günstigen Kosten und die relativ hohe Widerstandsfähigkeit.

Um die einzelnen Komponenten näher zu betrachten ist eine Demontage unumgänglich. Um einen Einblick ins Getriebe zu erhalten ist die Skidplate, die Bodenplatte, zu entfernen. Die Kunststoffschrauben mit Inbuskopf drehen schwer, schließlich sollen sich die Schrauben durch Erschütterung nicht von alleine lösen können. Mit dem richtigen Werkzeug ist das aber kein Problem. Nach dem Lösen liegt das Getriebe vor einem. Hinter der Getriebeabdeckung, die die Zahnräder vor Dreck und Feuchtigkeit schützt, finden sich das Motorritzel

Getriebe und Motor auf der Skidplate

Wasserdichter Koffer für den Empfänger

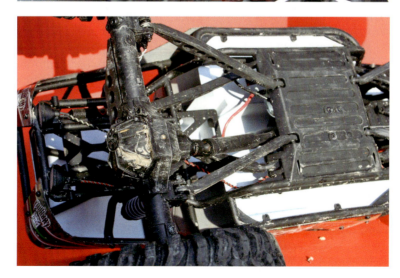

Blick von unten auf die Fahrwerksaufhängung

Die erste Ausfahrt

und das Hauptzahnrad samt Rutschkupplung. Im verschraubten Getriebedeckel sitzt mittig ein Deckelchen zum Aufklappen, diese Öffnung soll den Zugang zur Rutschkupplung gewährleisten. In eingebautem Zustand ein fast unmögliches Unterfangen, da eine Männerhand doch eher zu groß geraten ist für diesen Zweck.

Das Getriebe selbst lässt sich problemlos von Hand drehen und läuft sehr leise. Vom Getriebe führen mehrteilige Kunststoffkardanwellen, mit großem Längenausgleich, zu den Achsen. Eine optimale Ausrichtung der Kardanwellen ist problemlos möglich. Somit ist ein runder Lauf der Wellen gewährleistet. Die Besonderheit der Achsen ist ihr Design. Das Differential ist aus der Mitte versetzt. Diese Besonderheit schlägt sich auch im Namen der Achsen wider. AR60 OCP-Axle (Off Center Pumpkin Design) nennt Axial diese Konstruktion. Mit dieser Konstruktion erreicht man nicht nur mehr Bodenfreiheit, sondern entlastet auch den Antriebsstrang, da die Kardangelenke weniger gewinkelt laufen. Dadurch läuft alles runder und ruhiger.

Die Aufhängung der Achse liegt günstig zur Fahrzeugmitte und schmiegt sich so ins Gesamtbild. Kein Aufhängungspunkt hängt unter den Achsen und steht so einem eventuellen Stein im Weg. Die oberen Aufnahme der mittleren Abstützung ist großflächig an der Achse befestigt. So werden Kräfte auf breiter Fläche in die Achse geleitet.

Hinter dem, mit vier Schrauben befestigten, Differentialdeckel findet sich kein Differential. Axial verzichtet auf den Drehzahlausgleich und verbaut direkt den starren Durchtrieb. Die beiden Kugellager des Tellerrades sind in, mit Schrauben gesicherten, Lagerböcken gehalten. Die beiden Wellenhälften werden von den Seiten in den starren Durchtrieb gesteckt. Eine Sicherung hier ist nicht vorgesehen und auch nicht nötig. Zur Wartung der Achse sind nur

Der Roller auf die Seite tut ihm nicht weh

die vier Schrauben zu entfernen und schon liegt alles offen vor einem. Fett war in ausreichendem Maße an den Stahlzahnrädern vorhanden. Also Deckel wieder drauf.

Die Vorderachse

Bei genauerer Ansicht der Vorderachse und hier insbesondere der Achsschenkel fällt auf, dass diese schräg verbaut sind. Der obere und untere Aufnahmepunkt des Achsträgers ist nicht lotrecht. Dies soll so sein. Dadurch, dass der obere Drehpunkt weiter innen liegt, liegt der Drehpunkt des Rades fast mittig unter dem Reifen. Dadurch schwenkt das Rad weniger und der Servo benötigt weniger Kraft. Eine wirklich gute Lösung. Dem Rotstift gezollt hingegen ist die Kraftübertragung zum Rad. Hier findet sich in der RTR-Version leider nur die Knochenlösung. Technisch bedingt gibt diese Lösung leider nur einen Lenkeinschlag von 29° her.

Achsschenkelaufhängung nicht lotrecht

Die Vorderachse mit der Spurstange nicht BTA

Kreuzgelenke in der Antriebsachse

Die Lösung für dieses Problem ist der Einbau des AX30780 AR60 OCP Universal-Axle-Set, was für ein Zungenbrecher. Mit 50° stehen hier gut 60 % mehr Lenkeinschlag zur Verfügung. Damit auch spätere Leistungserhöhungen beim Motor kein böses Erwachen bringen, sind die Tuning-Teile aus gehärtetem Stahl und spielfrei gefertigt. Der Lenkservo findet auf der Achse seinen Platz. Beim Einfedern der Achse taucht der Servo tief zwischen den Rohrrahmen ein. Egal in welchem Einfederwinkel, der Servo schlägt nirgendwo an. Perfekt gelöst.

Das Lenkgestänge liegt vor der Achse, da für BTA, wie so oft bei Multilinkaufhängung, hinter der Achse kein Platz ist. An den Enden der Achsen stecken wie immer die Räder auf den 12-mm-Sechskantmitnehmern. Die Räder-Reifen-Kombination aus Kunststofffelge und Ripsaw-Reifen in der Standardhärte (R40) ist leider fest verklebt. Eine Beadlock-Felge wie beim AX10 Scorpion aus gleichem Hause sucht man leider vergebens. Durch die Verklebung bleibt der Reifen perfekt an seinem Platz. Aber ein Beschneiden der Reifeneinlage, wie in der detaillierten Bauanleitung beschrieben, ist somit nicht möglich. Positiv reagiert die Nase. Die Reifen des Axial AX10 Scorpion RTR gaben beim Auspacken einen penetranten Geruch ab. Dies ist hier nicht der Fall. Kein unangenehmer Geruch beleidigt die Nase.

Ein solider Stoßdämpfer ▼

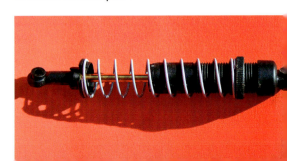

Die Stoßdämpfer

Damit ist die mechanische Durchsicht des Wraith fast fertig. Es fehlen nur noch die Stoßdämpfer. Diese sind dem Fahrzeug angemessen dimensioniert und tragen den rund 2,5 kg schweren Geist locker. Der AX10 konnte im Test einen Fall aus 2 m Höhe problemlos überstehen. Das Gespenst tut es ihm fast gleich. Katzenartig landet der Wraith auf seinen Pfoten. Die Stoßdämpfer können für solche Landungen und den eigenen Fahrstil angepasst werden. Die Federvorspannung kann über ein Rändelrad am Dämpferzylinder eingestellt werden. Dazu gibt es jeweils drei Anlenkpunkte am Rohrrahmen, womit der Anstellwinkel der Stoßdämpfer variiert werden kann. Die 3,5 mm dicke Kolbenstange bewegt sich ohne Blockieren im Zylinder. Genug der Durchsicht. Das Moto lautet „Akku rein und los"!

Der Akkukofferraum

Der Akku findet seinen Platz im hinteren Teil des 4×4. In einer Akkuhalterung findet der 7,2-V-Racestick oder ein LiPo 2S seinen Platz. Gewichtsoptimal ist dieser Platz für einen 4×4 nicht. Je nach Akkutyp kippt der Wraith mehr nach hinten und entlastet so die Vorderachse. Eigentlich eine feine Sache, so eine Wanne für den Akku. Leider gestaltet sich das Einfädeln des Akkus und des dazugehörigen Steckers recht hakelig. Gerade das Durchführen des Kabels und des Tamiya-Steckers ist nicht für große Männerhände gedacht. Ist der Akku erstmal in seinem Käfig und mit den beiden Klettbändern gesichert, steht der ersten Ausfahrt nichts mehr im Wege. Die beiden Stecker von Akku und Fahrregler müssen noch verbunden werden. Hier kommt man gut dran, da die Stecker auf der Beifahrerseite offen im Interieur liegen. Dadurch wird die Optik ein wenig gestört. Mit ein wenig gutem Zureden kann man die Kabel zwischen Mitteltunnel und Beifahrersitz platzieren. Dann bleibt das Kabel aus dem Bild.

Einschalten und Los

Der Einschalter liegt gut versteckt hinter dem Lenkrad am Mitteltunnel. Der Versuch, den Schalter von der Fahrerseite zu betätigen, ist

Hinter dem Lenkrad liegt der Ein-/Ausschalter

sehr umständlich. Besser ist der Griff durch die nicht vorhandene Frontscheibe. Damit erreicht man den Schalter ohne Probleme. Aber stopp!

Die Funke

Vor dem Einschalten des Fahrzeuges erstmal den Sender einschalten. Vier AA-Batterien befeuern die 2,4-GHz-Pistolenfunke. Diese liegt gut in der Hand und macht einen qualitativ guten Eindruck. Alle üblichen Funktionen lassen sich fein justieren. Nach dem Einschalten des Senders leuchten zwei LEDs, eine rote und eine grüne auf und zeigen die Funktion der Anlage an. Jetzt kann der Wraith in Betrieb genommen werden. Nachdem die Kabel verbunden sind und der Schalter durch die Frontscheibe betätigt wurde, quittiert der Wraith dieses mit mehrfachem Piepen. Der Lenkservo reagiert. Ein weiteres Piepen zeigt die Funktion des Fahrreglers an. Nun steht einer Testfahrt nichts mehr im Wege. Die Kombination aus Fahrregler und Silberbüchse reagiert sowohl vorwärts als rückwärts verzögerungsfrei. Der Übergang von der einen in die andere Fahrtrichtung erfolgt ohne Zwischenstopp.

Die erste Fahrt

Die erste Testfahrt findet wie immer im Keller statt. Hier geht der Wraith problemlos über alle Hindernisse, die man ihm in den Weg schiebt. Selbst an den Wänden drückt er sich, auch dank der freistehenden Räder, problemlos in die Senkrechte. Alles lässt sich gefühlvoll steuern. Kein Pfeifen vom Regler ist zu hören und kein Ruckeln ist zu sehen. Zieht man den Gashebel mit dem Zeigefinger mutig bis zum Anschlag, geht die Fuhre richtig nach vorne. Der Keller ist schnell zu klein. Also lassen wir Vorsicht walten und überfahren noch ein paar Hindernisse. Dies auch gerne im Dunkeln. Die vier Front LED-Scheinwerfer bringen gutes Licht und zeigen den Weg. Die beiden LED-Rücklichter zeigen dem Hintermann wo der Geist schwebt. Die Fahrzeugbeleuchtung ist zwangsgeschaltet.

Mit dem Hauptschalter werden auch die sechs LEDs eingeschaltet. Dank der Strom sparenden LED-Technik kein Problem, das leistet der Akku locker mit.

Raus in die Natur

Es zeigt sich also, der Wraith ist kein Hausgeist, sondern eher ein Naturgeist. Er will raus. Schönes Wetter ist für die Ausfahrt natürlich immer schöner, aber bei diesem Axial nun wirklich nicht nötig. Alles ist gut verpackt.

Die Ausfahrt führt auf eine fein geschotterte Fläche. Hier kann der Wraith endlich mal Gas geben. Zieht schon recht ordentlich an. Mit ein paar kleinen Sprunghügeln sind leichte Jumps auch kein Problem. Hierbei ist die leichte Hecklast von Vorteil. Mühelos geht es über jede Unebenheit. Doch Vorsicht! Bei schnellen Richtungswechseln auf dem unebenen Grund zollt der hohe Schwerpunkt seinen Tribut. Die Fuhre geht schlagartig übers Dach. Kein Problem, dass hält der Käfig locker aus. Nur muss der Fahrer sich bewegen und den 4×4 wieder auf die Puschen stellen. Die eine oder andere Pfütze ist auch schnell ausgemacht und wird todesmutig durchpflügt. Das Wasser spritzt zu allen Seiten und weiter geht die wilde Hatz. Schnelle Richtungswechsel sind mit sehr viel Vorsicht zu genießen. So lange der Wraith über die Seite schieben kann, bleibt er stabil auf allen Vieren. Ist jedoch in dieser Bewegung eine griffige Stelle im Boden, so geht es über das Dach. Der hohe Schwerpunkt spricht somit gegen schnelle Richtungswechsel.

Ein Berggeist?

Vielleicht ist der Urahn des Wraith ja auch ein Berggeist, worauf seine großen 5,5 Zoll (140 mm) großen Reifen und der stabile Käfig schließen lassen. Wie sieht es aus mit „Wraith on the rocks"?

Langsam und gefühlvoll nähert sich der Wraith. Feinfühlig lässt sich der Wagen auf den Abhang zu manövrieren. Die einzelnen Räder

Eine Pfütze ist keine Gefahr

Im Unterholz hilft die serienmäßige Beleuchtung ▼

folgen dank großem Federweg jeder noch so großen Bodenunebenheit. Verschränkung ist hier das Zauberwort, das dem Wraith weiterhilft. Die Reifen könnten hier einen Tick weicher sein und sich somit noch besser in den Fels zu krallen. So rutscht das ein auf's andere Rad schon mal durch. Dank starrem Durchtrieb an allen Punkten aber kein Problem. Er scharrt und zur Not hilft ein wenig Schwung. Übermut lässt den Wraith dann abstürzen und leider schwebt der Geist nicht im Luftzug davon, sondern schlägt unsanft auf den Felsen auf.

Unten angekommen meint man, er schüttelt sich kurz um sich direkt wieder in den Fels zu wagen. Der Käfig ist ideal, leicht und stabil. Von unten geht es nun in die Felswand. Serpen-

Ein schöner Rücken in den Felsen

Der Crossover findet seinen Weg

tinen werden gefunden und befahren. An engen Stellen wünscht man sich mehr Lenkeinschlag, dieser ist auf Grund der Knochenkonstruktion in der Vorderachse beschränkt. Auch die Kraft des Lenkservos ist an manchen Stellen am Ende. Die weiche Spurstange vor der Vorderachse verformt sich das ein auf's andere Mal und die Vorderräder stehen nicht mehr ideal zu einander.

Die Motorkraft ist für einen 540er Standardmotor nicht schlecht, auch wenn man sich in extremen Passagen mehr Drehmoment wünscht. Hier in den Felsen schlägt er sich wacker, aber mit mehr Kraft an der Lenkung und im Antrieb würde es noch mehr Spaß machen.

Hügel, ich komme
Ab in hügeliges und bewaldetes Gelände. Platz zum Gasgeben ist da und Bodenunebenheiten fordern das Fahrwerk. Hier fühlt sich der Wraith richtig wohl – ein ideales Gelände. Bergauf-Passagen bewältigt er problemlos. Leider rollt der Wagen ohne Gasgeben bergab, in dieser Situation fehlt die Bremse. Zielgenaues Fahren, wie bei Wettbewerben gefordert, ist nur schwer möglich.

Tuning?
Bei solch einem Fahrzeug wird natürlich auch schnell nach Tuning gerufen. Gibt es, reichlich! Die optionalen Kreuzgelenke für die Vorderachse wurden bereits genannt. Daneben lassen sich viele Komponenten am Fahrzeug durch Teile aus Aluminium ersetzen. Das macht den Käfig und das Fahrwerk formstabiler. Antriebsseitig lässt sich der Wraith mit dem AX30793 DIG Upgrade-Set aufrüsten. Mit diesem DIG und einem zusätzlichen Schaltservo lassen sich drei verschiedene Fahrzustände schalten. Von starrem Allrad, wie im Originalzustand, über eine neutrale, freilaufende Hinterachse, bis hin zur hundertprozentigen Sperre der hinteren Antriebsachse. Die Hinterachse wird in diesem Zustand im Stillstand gehalten. So zieht der 4×4 um die engsten Kurven. Beim Tuning des Motors ist mit Bedacht zu arbeiten. Alles muss aufeinander abgestimmt werden. Gerade der Antriebsstrang mit seinen Kardanwellen aus Kunststoff ist nicht für unbändige Kraft aus einem Brushless-Motor ausgelegt. Bilder von verdrillten und abgerissenen Shafts finden sich im Netz.

Crossover, einer für alles
Neudeutsch nennt man den Wraith wohl am ehesten „Crossover". Ein Fahrzeug, das sich nicht recht in eine Schublade stecken lassen will. Er will alle gleichermaßen befriedigen. Die, die gemütlich, über Geröll schleichen wollen und die, die es auch schon mal krachen lassen. Dies gelingt dem Wraith. Ein optisch sehr ansprechender 4×4, der auf allen Offroad-Spielwiesen zu Hause ist und viel Spaß bereitet.

Trailfinder 2 von RC4WD

Nachdem der Trailfinder bereits geraume Zeit erfolgreich auf dem Markt ist, wurde es Zeit, wie auch bei guten Filmen, die Story weiterzuführen. Der Trailfinder 2 läuft in den Reifenspuren des Vorgängers und fährt die Charakteristik weiter aus.

TF2-Logo

Die Verpackung

Die Ausrichtung des TF2 wird bereits auf der Verpackung des 4×4 in den Vordergrund gerückt. Alleine dieser Karton ist schon ein richtiger Schritt in Richtung der namhaften Modellbauschmieden. Den schwarz gehaltenen Karton mit Bildern vom fertigen Produkt und Detailfotos kann jeder Händler als Eyecatcher in die Auslage stellen. Warum ist das erwähnenswert? Weil bisher die Verpackung etwas stiefmütterlich bei den Kaliforniern behandelt wurde. Die Verpackung war praktisch. Jetzt wird die Lust auf den Inhalt schon von außen geweckt.

Der erste Kontakt

Wer seinen Bausatz direkt in den USA bestellt wird nicht darum herumkommen, dass der Weg zum Zollamt ansteht. Pflichtprogramm dort ist eine Rechnung oder der Paypal-Kontoauszug. Der freundliche Beamte wird in der Regel bitten, das Paket zu öffnen, damit er sich vom Inhalt überzeugen kann. Ist ja auch für einen selber ein schöner Moment, das erste Mal sein „Baby" zu sehen. Absenderadresse ist Hongkong. Wie viele Produkte kommt auch dieser Geländewagenbausatz aus Asien. Ein Punkt, der für den Zöllner auch nicht unwichtig ist. Natürlich möchte man an dieser Stelle so wenig wie möglich Geld lassen. Aber man sollte die Zöllner nicht für dumm halten, dass ist ihr täglich Brot und die Beamten wissen, was so ein Modell kostet oder die Unwissenheit wird durch einen Blick auf die Webseite beseitigt. Als Warennummer für einen solchen Bausatz kommt die 9503 0030 00 0 in Frage:

- Elektrische Eisenbahnen, einschließlich Schienen, Signale und anderes Zubehör, maßstabsgetreu verkleinerte Modelle zum Zusammenbauen

- Der Zollsatz für die Tarifnummer ist Null, es fallen somit nur 19 % Einfuhrumsatzsteuer an (EUST).

Eine Verpackung, die sich auch vor den ganz Großen nicht verstecken muss

Der erste Blick in den Karton auf dem Zollamt zeigt eine strukturierte Innenverpackung. Unter einer Schaumstofflage verbergen sich die großen Teile, wie Getriebe und Achsen, in Styroporhöhlen. Eine Lage tiefer finden sich die Rahmenteile ebenfalls fein separiert in ihrer Verpackung. Ganz unten liegen die Kleinteile und in einem gesonderten Innenkarton die Karosserieteile. Es folgt der schmerzliche Teil auf dem Zollamt, das Bezahlen. Je nach Wechselkurs stehen rund 60 € EUST auf dem Einfuhrabgabenbescheid. Es muss jeder für sich selbst rechnen, ob eine Bestellung in den USA kaufmännisch interessant ist oder ob der Kauf bei einem der autorisierten deutschen Händler nicht günstiger kommt. Die Liste der autorisierten Händler findet man auf der Internetseite Store.rc4wd.com „where to buy". Zurzeit, Stand März 2012, sind es fünf Händler in Deutschland.

Endlich im Keller

Vorfreude ist bekanntlich die schönste Freude, doch wenn es endlich ans Auspacken geht ist die Stimmung auf dem Höhepunkt. Der erste Eindruck war schon mal gut. Nun geht es an die

Aufgeräumter Innenraum

Detaildurchsicht. Die tiefste Lage konnte noch nicht genau inspiziert werden. Und die Toyota-Moyave-Karosserie konnte noch gar nicht begutachtet werden.

Die Getriebe

Beide Getriebe, sowohl Verteilergetriebe und als auch das Zweiganggetriebe sind Neuentwicklungen. Der äußere Eindruck der Getriebe ist sehr gut. Das Verteilergetriebe ist klein gehalten und auch die Aluminiumhülle ist schön strukturiert. Auch dies ist ein Beitrag zum Scale-Gedanken. Diesem Gedanken folgt auch das R3-Zweiganggetriebe. Die äußere Form folgt hier dem Abbild eines Originalgetriebes. Auffällig hierbei die große Form am Getriebeeingang, die einer Getriebekupplungsglocke nachempfunden ist. Hiervor sitzt das große Ein-

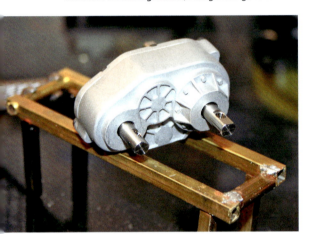

Das neue Verteilergetriebe, scalig klein gehalten

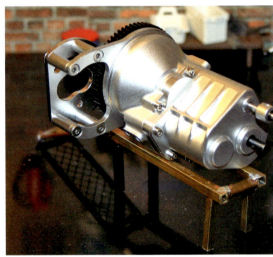

Zweiganggetriebe mit großer „Kupplungsglocke"

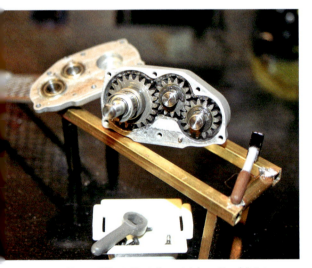

Das geöffnete Verteilergetriebe mit gehärteten Stahlzahnrädern

Die Zahnräder sind gehärtet und breitflächig gearbeitet

gangszahnrad mit 64 Zähnen. Eine einstellbare Rutschkupplung am Hauptzahnrad schützt den gesamten Antriebsstrang vor übermäßiger Belastung. Das hübsche Äußere ist bei einem Getriebe nur die halbe Miete. Ein Getriebe soll Kräfte übertragen und möglichst selten an Karies leiden. Es lohnt somit ein Blick ins Innere.

Dafür werden die Schrauben, alle metrisch und mit Innensechskant, gelöst. Beim Verteilergetriebe treten drei Zahnräder und acht Kugellager ans Kellerlicht. Alle Wellen sind kugelgelagert. Die Lauffläche der Zahnräder ist breit gehalten und gehärtet, der Hersteller spricht von 32P. P steht für Pitch, zu Deutsch: Zahnweite der Zahnräder. Ein ähnliches Bild im R3-Schaltgetriebe. Nach dem Öffnen zeigen sich Zahnräder in gleicher Bauweise.

Die Schaltung der zwei Gänge erfolgt durch eine Schaltklaue. Alle Zahnräder laufen im permanenten Eingriff. Die Schaltklaue lässt sich sehr leicht bedienen. es hakt nichts. Der Eindruck, den die beiden Getriebe hinterlassen, ist vielversprechend. Die Praxis wird zeigen, ob die beiden Getriebe wirklich „bullet proofed" sind, wie die Amis es schreiben.

Die Kardanwellen

Nachdem die Getriebe einen so guten Eindruck hinterlassen haben, wird die Freude bei den Kardanwellen ein wenig getrübt. Neuentwickelt wurden auch diese. Das sternförmige Schubelement lässt sich über einen weiten Bereich auseinanderziehen. So sind große Verschränkungen und somit Veränderungen in der Länge möglich. Leider ist es hier nicht möglich, dass die Ausrichtung der beiden Kreuzgelenke korrekt erfolgt. Ein leichter Versatz in der Ausrichtung ist immer zu sehen. Wie schon an anderer Stelle erwähnt, führt ein Versatz in den Kreuzgelenken zu einem unrunden Lauf. Der Versatz ist minimal, doch sichtbar. Ein dritter Satz Schiebestücke liegt der Tüte bei. Kreuzgelenkendstücke und die eigentlichen Kreuzgelenkwellen sind nicht überzählig. Bei dem geringen Gewicht des Toyota Moyave wird die Belastung im Antriebsstrang nicht übermäßig hoch ausfallen, zudem schützt die Rutschkupplung. Dennoch – die Kardanwellen können mich nicht überzeugen. Wer leistungsmäßig aufrüsten möchte, ggf. mit einem drehmomentstarken und hochdrehenden Brushless-Motor, wird hier ein besonderes Augenmerk darauf legen müssen.

Die Yota-Achsen

Die beiden Achsen sind alte Bekannte im Programm von RC4WD. Aber auch diese bewährten Achsen mussten sich einer Überarbeitung unterziehen. Die Aufnahmepunkte wurden flacher gehalten und das Differentialgehäuse ist ebenfalls schmäler. Das Übersetzungsverhältnis der gehärteten Stahlzahnräder beträgt 2,53:1. Eine Besonderheit der Vorderachse ist der Ver-

Das Differentialgehäuse ist aus der Mitte versetzt

Knochen übertragen die Kraft an die Räder

satz des Gehäuses aus der Mitte heraus; „Offset Pumpkins" nennen die Amerikaner diese Bauweise. Das Leichtmetallgehäuse der Achsen ist pulverbeschichtet. Felsiges Gelände wird auch auf dieser Farbgebung Spuren hinterlassen.

Leider kommt die Lenkachse nur auf einen Lenkwinkel von 32°. Dies ist für eine Achse mit Knochen, wie hier verbaut, ein normaler Wert. Im Tuning-Bereich gibt es auch für die Yota-Achsen „Xtreme Velocity Drive" kurz XVD genannte Kreuzgelenke. Diese sollen nach Herstellerangaben den Lenkwinkel auf 36,5° erhöhen. Macht bei 39 $ Kaufpreis rund 10 $ pro Grad. Zur Felgenmitnahme sind die bekannten Sechskantmitnehmer aus Metall bereits beidseitig auf den Achsen montiert.

Die Reifen und Felgen

Zum Einsatz kommen Reifen der Größe 1,55 Zoll. Auch hier steht der Scale-Gedanke wieder im Vordergrund. Die Reifenflanke ist hier im Verhältnis größer als bei vergleichbaren 1,9-Zoll-Reifen. 95 mm Außendurchmesser sind auch ungefähr 1,9-Zoll-Reifen entsprechend. Die Reifen fühlen sich griffig an und dünsten nicht aus. Die Nase wird also nicht beleidigt. Zur Stabilität der Flanken tragen auch die Kreuzrippungen im Innern der Reifen bei, eine Bauform, die man bei vielen Reifen aus dem Hause RC4WD, kennt. Schaumeinlagen runden das Bild ab. Das Design der Reifen ist altbekannt. Tamiya hatte ein sehr ähnliches Design bereits vor Jahren auf ihren Offroadern.

1,55-Zoll-Reifen inclusive passender Felgen

Dreiteilge Felge mit Sechskant-Radmitnehmer

Die hier verbauten Mud-Thrasher von RC4WD sind Generationen von den alten Tamiya-Reifen entfernt. Bis auf das Design kein Vergleich.

Der Nachteil, dass die 1,55-Zoll-Reifen eine Felge in entsprechender Größe benötigen, ist hier natürlich nicht vorhanden, da der Toyota Moyave selbstredend passende Felgen mitgeliefert bekommt. Diese Stahlfelgen sind weiß lackiert. Vorder- und Rückseite klemmen einen Aluring in der Mitte. Diese Beadlock-Konstruktion klemmt den Reifen fest. Als Mitnehmer ist ein Aluminiumring mit Sechskantmitnehmer verschraubt. Alle großen Bauteile der mechanischen Seite wurden somit eingehend begutachtet. Bis auf kleine Abstriche bei den Kardanwellen und dem geringen Lenkeinschlag an der Lenkachse ein Rundgang, der Spaß gemacht hat.

Nun geht es endlich ans Bauen

Dem Bausatz liegt eine gebundene Bauanleitung bei. Wer lieber lose Blätter nutzt und die originale Bauanleitung schonen möchte, der kann sich die Anleitung auch im Internet auf store.rc4wd.com als pdf-Datei herunterladen. Die Bauanleitung ist komplett in Englisch. Die Angst, dass die Sprachkenntnisse nicht ausreichen, kann vernachlässigt werden. Alle, wirklich alle Kleinteile sind mit ihrem englischen Namen in separaten verschließbaren Klarsichttütchen beschriftet. Ein Vergleich mit der Beschriftung im Bauplan bringt dann Klarheit. Englische Begriffe lernen beim Hobby ist doch auch ein netter Nebeneffekt.

Die Zeichnungen im Bauplan sind detailliert und lassen keine Fragen aufkommen. Das benötigte Werkzeug wird auf Seite III genannt. Keine Angst, niemand muss sich Werkzeug in Zollmaßen beschaffen. Alle Schrauben sind metrisch. Inbusschlüssel (Hex Drivers) in verschiedenen Größen kommen zum Einsatz. Spitzzange (Long Nose Pliers) und der allseits bekannte gekreuzte Schraubenschlüssel (Cross Wrench) befinden sich ebenfalls in der Werkzeugrunde. Ein wenig Schraubensicherungslack (Thread Lock) sollte auch in greifbarer Nähe sein.

Der Leiterrahmen

Der Leiterrahmen steht als erstes auf dem Programm. Schwarz eloxiertes Aluminium bildet die Grundsubstanz für den Rahmen. Zwei geschwungene Rahmenhälften geben Stabilität.

Sauber verpackt präsentiert sich der Rahmen

Der Leiterrahmen fertigt montiert in der Garage

Das Verteilergetriebe hat im Hilfsrahmen Platz genommen

Das „Look and Feel" dieser Bauteile ist mehr als gut. Kein Grad, keine Macke, kein Kratzer; nichts mindert die Freude an diesen Bauteilen. Die Montage der Kleinbauteile geht flüssig voran. Alle Schrauben lassen sich problemlos mit dem passenden Werkzeug ins Gewinde drehen.

RC4WD verbaut am Rahmen (leider) nicht nur Metall. Es kommt auch Kunststoff zum Einsatz. Die Halter für die Karosserie und die Stoßstangen rundherum sind aus zäh elastischem Kunststoff. Metall hätte edler ausgesehen. Jedoch nur, solange das Fahrzeug kein Gelände gesehen hätte. Der Kunststoff ist da unempfindlicher. Er steckt so manchen Schlag ein und federt einfach in seine Ausgangsform zurück. Auf Abstand gehalten werden die Rahmenhälften durch Aluminiumbauteile. Auffälligstes Teil ist hier das Mittelstück, welches später das Verteilergetriebe aufnehmen wird. Nachdem alle Teile auf beiden Rahmenseiten fest verbunden sind, liegt der fertige Leiterrahmen vor einem. Es fehlen noch die Aufnahmepunkte für den Akku und die Elektronik. Ersterer wird auf einer Aluplatte seinen Platz finden und der Empfänger wandert in eine Box, die äußerlich einem Tank nachempfunden ist. So ist eine verwindungssteife Konstruktion entstanden.

Die hinteren Stoßdämpfer sind schräg angeordnet

Die Aufhängung

Der Trailfinder 2 federt, wie auch sein Vorgänger, in der Standardversion mit Blattfedern. Dagegen ist grundsätzlich nichts zu sagen. Dem Scale-Gedanken entsprechend fuhr auch der originale Toyota Moyave mit Blattfedern. Eine Multilinkaufhängung für den Trailfinder 2 wird folgen. Die Blattfedern alleine stellen nur den einen Teil der Achsführung, dazu gesellen sich die Stoßdämpfer. Auch hier blitzt der Scale-Gedanke wieder durch. Die Dämpfer wurden extra für den TF2 konzipiert. Im Innern unterstützt eine Schraubenfeder die Blattfedern bei ihrer Arbeit. Die vorderen Stoßdämpfer sind lotrecht montiert, die an der Hinterachse können an unterschiedlichen Aufnahmepunkten befestigt werden. In jedem Fall sind die Stoßdämpfer zur Rahmenmitte geneigt und erleichtern so die Verschränkung der Achse.

Montage der Achsen

Grundsätzlich bedarf es keiner Bemerkung zur Montage der Achsen. Wenn da nicht eine kleine Änderung gegenüber der Bauanleitung wäre. „Out of the box" kommt die Vorderachse mit der Spurstange vor der Achse. Diese Art der Montage gilt es nach Möglichkeit zu vermeiden.

Die Spurstange wurde hinter die Achse verlegt

Hinter der Achse liegt die Spurstange zumindest geschützt und nimmt vor der Achse keinen Platz weg. Die Ackermanngeometrie bleibt bei den Yota-Achsen leider unberührt, da die Lenkhebel im rechten Winkel zur Achse liegen. Die Achsschenkel werden auf beiden Seiten oben und unten gelöst und das Konstrukt hinter der Achse (BTA) wieder montiert. Die Anlenkung durch den Servo ist auch hier ohne Probleme möglich. Nachdem auch die Felgen und Reifen montiert sind steht das „Rolling Chassis" fertig in der Garage.

Alles ging zügig und ohne Probleme. Jetzt gilt es die Plätze für die Elektronik zu finden. Den Platz für den Empfänger geben die Kalifornier in Form des zentralen Tanks vor. Bis hierhin müssen alle Signalkabel laufen. Für das Lenkservo zu lang. Eine Verlängerung des Signalkabels mit fertig konfektioniertem Kabel ist aber ein Kinderspiel. Einen Platz für das ESC (eletronic speed controller) zu finden, ist schon etwas kniffliger. Letztendlich hat es auf dem Bauch liegend den Platz im hinteren Teil des Rahmens gefunden. Netter Nebeneffekt, man kann die LED des Fahrreglers von unten sehen und so mit einem kurzen Blick kontrollieren, ob auch alles ausgeschaltet ist. Als ESC kommt ein alter LRP Truck-Puller digital zum Einsatz. Der entsprechende Motor kommt auch aus dem LKW-Regal. Ein Team Orion 80 Turns wird die nötige Kraft liefern. Mit Saft wird das ganz Konstrukt aus einem Lipo 3S versorgt.

Erste Testfahrt im Keller

Einer ersten Testfahrt steht somit nichts mehr im Wege. Wer braucht schon eine Karosserie? Es fällt auf, dass die Spreizung zwischen erstem und zweitem Gang gut gewählt ist. Der erste Gang lässt feinfühliges Rangieren zu und der zweite Gang lässt das Chassis auf den glatten Kellerfliesen hübsch sliden. Beide Gänge sind für Steigungen von knapp 100 % an der Betontreppe gut. Bergabfahrten sind im ersten Gang zu empfehlen. Wesentliche Teile sind nicht übrig geblieben. Ein paar Schrauben sind überzählig verpackt worden, wobei die Inhaltsangabe auf der jeweiligen Plastiktüte immer mit dem Inhalt übereinstimmte.

Die Karosserie

Der Toyota Moyave war eine Sonderserie eines Toyota Pickups aus dem Jahre 1983. Im Original wurden nicht alle Fahrzeuge dieser Serie als 4×4 ausgeliefert. Die Hardcover-Karosserie ist mit allen Kleinteilen in einem separaten Karton verpackt. Hier findet sich auch eine weitere Bauanleitung nur für die Karosserie. Die Kabine ist gelb durchgefärbt, eine Lackierung ist somit nicht zwingend notwenig.

Der Bausatz besteht aus zwei großen Bauteilen, der Fahrerkabine und der Ladefläche. Das Besondere am Bausatz ist die individuelle Rückwand der Fahrerkabine. Der Modellbauer kann sich entscheiden, ob er den klassischen Pritschenwagen bauen möchte oder optional einen Truggy. Hierfür liegt eine detailliert strukturierte Rückwand dem Bausatz bei.

Hier und jetzt soll der Pritschenwagen entstehen. Die Bauanleitung führt einen Schritt für Schritt voran. Die Kunststoffteile müssen von ihren Spritzlingen gelöst werden. Leichtes Entgraten mit Sandpapier oder einer Feile versteht sich von selbst. Die Teile passen gut zusammen. An der Rückwand ist ein kleiner Spalt

Kanariengelb zeigt sich die Kabine

Die Chromstoßstange vor der Montage

Die Kunststoff-Stoßstange verdeckt die Nebelscheinwerfer

Das Dashboard mit seinen Decals

Fertig zur ersten Ausfahrt – auch ohne Lackierung einsatzbereit

Präsentation des TF02 auf der Faszination Modellbau (Foto: Stefan Kreutschmann)

zwischen der Kabine und der eingeklebten Fläche. Wenn das Fahrzeug lackiert wird, wird dieser mit Spachtelmasse versiegelt und geschliffen. Hier und jetzt stört es nicht weiter.

Es fällt auf, dass alle Lampenöffnungen auch beleuchtet werden können. Vier Frontscheinwerfer, zwei neben dem Kühlergrill und zwei in der verchromten Stoßstange werden später für ausreichende Ausleuchtung der Straße sorgen. Leider werden die Nebelscheinwerfer in der Stoßstange durch dieselbige verdeckt. Der Kühlergrill wurde direkt etwas aufgewertet. Aus einem Reststück Riffelgitter vom robbe MAN 630 wurden Passtücke für die sechs Lufteinlässe geschnitten, die Umrandung wurde ansonsten schwarz lackiert.

Im Innenraum ist bis auf das Dashboard, das Armaturenbrett, Eigeninitiative gefragt. Der Armaturenträger hingegen ist schön ausgeformt. Natürlich ist dieses Teil im Original nicht gelb. Alle Fotos im Internet zeigen eine bräunliche Innenausstattung, daher wurde auch hier das Armaturenbrett braun gepinselt. Decals für den Innenbereich liegen bei, neben den eigentlichen Instrumenten gibt es Aufkleber für Heizung, Lüftung und ein Radio.

Obwohl der Moyave nur mit Einzelsitzen angeboten wurde, zumindest zeigen die Bilder im Netz nichts anderes, bietet RC4WD nur eine durchgehende Sitzbank als Extra an. Ein Sportsitz für den Fahrer und ein einfacher Sitz für den Beifahrer wurden hier aus dem Fundus genommen. Ein zweiter Sportsitz hätte auch keinen Platz gefunden, da auf der Beifahrerseite der Servo für das Zweiganggetriebe seinen Platz findet. Hier drauf wurde mit doppelseitigem Klebeband der Beifahrersitz befestigt.

Äußerlich liegen entsprechende Kleinteile für die Aufwertung der Karosserie bei. Neben zwei schwarz durchgefärbten Scheibenwischern gibt es auch Außenspiegel aus gleichem Material. Leider liegen keine Spiegelfolien für diese bei.

Aus einem Stück verspiegelter Verpackung wurden zwei passende Spiegelflächen zugeschnitten. So ist der Blick zum Hintermann sichergestellt.

Die erste Testfahrt fand in Karlsruhe auf der Faszination Modellbau statt. Wie in jedem Jahr hatte sich die IG Modell-Truck-Trial für den Schülertag gemeldet. Hier sollte der Moyave seine Feuerprobe haben. Der Versuch glückte. Der Scaleoffroader drehte eine Runde nach der anderen. Die Schüler schonten den Wagen nicht. Es zeigten sich nur wenige Punkte, die es zu überarbeiten gab. Die Vorderachse schob stark seitwärts, wenn das Lenken erschwert wurde. Zu viel Spiel in der Aufhängung der Blattfedern war hier schnell als Ursache erkannt. Ein Außenspiegel wurde leider geköpft. Das Material ist bruchempfindlich und an exponierter Position montiert. Aber alles nur Kleinigkeiten, die leicht zu beheben sind. Ansonsten hieß es an vier Tagen: „Akku rein und los"!

Die Individualisierung

Wieder im heimischen Keller ging es daran, den Moyave so zu gestalten, dass er wieder erkennbar ist. Die meisten Fotos im Netz zeigen den 4×4 mit mehr oder weniger heftigen Gebrauchs- und Altersspuren. Natürlich gibt es auch Eisdielen-Offroader, hier und jetzt sollte aber ein „used look" realisiert werden. Zwischenzeitlich gibt es „Rost aus der Dose", ein spezieller Lack, der Rost bildet. Ich habe eine andere Variante gewählt. An den gewünschten Stellen, vielleicht ein paar zu viel, habe ich braun gepinselt. Hier drauf kam eine Mischung aus Zuckerwasser und Salzkörnern. Nun wurde die gesamte Karosserie mit Grundierung gesprüht. Wieder kam an diversen Stellen Zuckerwasser und Salz zum Einsatz. Nun wurde die eigentliche Farbe lackiert. Meine Fahrzeuge sind blau, so auch hier. Nach dem Trocknen wurde unter fließendem Wasser das Salz wieder entfernt. Der Lack wird unsauber und kantig abgerieben und so entsteht der gewünschte Effekt.

Neben diesem „used look" bedarf es noch anderer Eigenheiten. Ein Scaler kann nicht ohne Winde in die Wildnis. Die meisten tragen die Winch stolz auf der vorderen Stoßstange. Diese Möglichkeit besteht auch hier. Hier wurde eine versteckte Lösung gewählt. Die Winde liegt zwischen Akku und Empfängerbox. Das Seil, eine Angelsehne mit 12 kg Zugkraft, wird über ein Kunststoffröhrchen nach vorne geführt. Hier zeigt nur der Schlepphaken, dass die Winch an Bord ist. Damit der Haken auch an Stellen

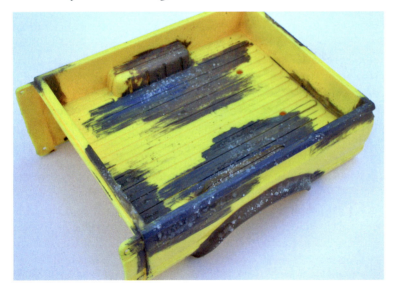

Die Karosserie wird mit „Rost" vorbereitet

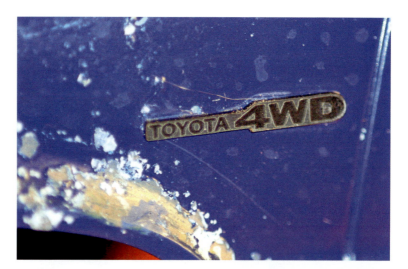

Typenschilder von Customs Cuts

Ausfahrt in die Felsen – immer schön vorsichtig

Halt findet, an denen kein Baum oder ähnliches zur Verfügung steht, kommt noch der Erdhaken hinzu. Eine Art übergroßer Klappspaten, der in die Erde gerammt wird und so Halt gibt.

Der defekte Außenspiegel wurde entsprechend repariert und modifiziert. Eine Bohrung im Fuß und eine in der Spiegelfassung nehmen ein Stück Messingdraht auf. Mit normalem Uhu-Kleber fixiert lässt er sich zäh drehen. Ein Anklappen des Spiegels ist somit möglich. Zum guten Ton gehört natürlich auch der Schnor-

Der Erdanker findet seinen Halt

Der Schnorchel entsteht aus Draht und Schlauch in der Werkstatt

chel. Schließlich muss der Motor immer frische Luft atmen. Auch dieses Anbauteil gibt es im guten Zubehörhandel.

Hier ist er aus 6-mm-Benzinschlauch entstanden. Mit Hilfe eines innenliegenden Drahtes wurde dieser in Form gebogen. Das Loch zum Motor wurde vorsichtig in den Kotflügel gebohrt. An der Spitze des Schnorchels wurde ein Luftsammler aus PS-Material geklebt und mit Lüftungsgitter nach vorne verschlossen. Als größte Veränderung hat der Moyave noch einen Dachgepäckträger erhalten. Aus Messingrohr gelötet hält dieser Gepäckträger auch einen Überschlag aus und erfüllt somit eine Doppelfunktion. Damit immer genügend Stauraum zur Verfügung steht wurde noch eine Dachbox aus Kupferblech mit einem Deckel aus Alublech gelötet. Wer noch mehr Stauraum benötigt, greift zum Kofferausbau von Road Ranger im Exklusivvertrieb der RC-WELT.EU.

Das Schöne an einem solchen Scaler ist, dass man Bauen kann und doch was zum Fahren hat. Es gibt immer eine Kleinigkeit, die man noch hinzufügen kann. Es gibt nichts was der Handel nicht anbietet und viele dieser Kleinteile lassen sich mit etwas Geschick auch selbst herstellen. Geht vielleicht nicht so schnell und ist vielleicht nicht so perfekt, aber es ist „handmade" und schließlich ist das Thema ja Modellbau.

Vinyldach beim Kofferaufbau vom Road Ranger; erhältlich bei RC-WELT.EU

Der gelötete Messingkäfig hält auch einen Überschlag aus

Der Weg in die Felsen

Wenn es richtig felsig wird, wenn es senkrecht die Wand hochgehen soll, dann kommt man an den Rockcrawlern nicht mehr vorbei. Das „to crawl" (sprich „król") kommt aus dem Englischen und bedeutet: „kriechen, im Schneckentempo fahren oder gehen". Alles was also langsam unterwegs ist, ist grundsätzlich ein Crawler (sprich: „króler").

Der Axial Wraith hat schon den Weg in diese Richtung gezeigt, konnte aber seine Verwandtschaft zu den Scalern nicht verbergen. Richtigen Crawlern ist die Optik weitestgehend egal. Was in erster Linie zählt ist die Technik und hier steht ganz klar die Bezwingung eines Felsens im Vordergrund.

Wie bereits an vorheriger Stelle erwähnt, unterscheidet das Regelwerk die Crawler nach ihrer Felgengröße. Wer keine Wettbewerbe fahren möchte, also nur für sich oder mit Gleichgesinnten die Steine unsicher machen möchte, der findet den Weg zu den Extrem-4×4 über die ARTR und RTR Vertreter.

Klein geht es Los(i)

Zur Erinnerung:
- ARTR – allmost ready to run
fast fertig zum Fahren (es muss noch ein wenig geschraubt werden)
- RTR ready to run – fertig zum Fahren
(Akku rein und los)

Mit RTR fängt es ganz klein an. Der Losi Microcrawler diente hier im Buch schon als Grundlage für den Umbau zum Scaler. Der in 1:24 gehaltene Microcrawler eignet sich besonders für das „Gelände" auf dem Schreibtisch. Hier ist ihm keine Tastatur zu steil und kein Telefon zu hoch. Wer es etwas größer mag, der greift bei Losi zu den Maßstäben 1:18 und 1:10. Diese Maßstäbe können sich auch schon in richtige Felsen wagen. Wer hier auf den Geschmack gekommen ist kann sich anderen Vertretern zuwenden. Die etwas größeren Fahrwerke dienen auch schon einmal einem Bruder-Unimog als Fahrgestell. Doch Vorsicht, wer mit einer solchen Konstruktion Trial-Wettbewerbe fahren möchte, sollte vorher das entsprechende Regelwerk genau lesen. Einige Regelwerke schließen solche Konstruktionen explizit aus.

RTR Vertreter

RTR hat sich unter anderem Axial mit dem AX10 einen Namen gemacht. Sein Verwandter aus der Scaler-Gemeinde ist der SCX10, ein Chassis welches gerne als Grundlage für die eigene Kreativität hergenommen wird. Beim AX10 steht das Thema „Akku rein und los" im Vordergrund. Ein unkompliziertes Fahrzeug, was bei demontierten Reifen im vollsten Urlaubskofferraum Platz findet und so am Urlaubsort für genügend Spaß sorgen kann. Die Technik des Axial AX10 darf durchaus als ausgereift gelten, da er schon geraume Zeit auf dem Markt ist.

Die ältere Version des AX10 an der schottischen Küste

AX10 auf dem Action Offroad Parcours der IG Modell-Truck-Trial

Tabelle 2: Technische Daten

Fahrzeug:	AX10 Scorpion RTR
Maßstab:	1:10
Klasse:	Rock-Crawler / Shafty /Tuber
Länge:	450 mm
Breite:	254 mm
Radstand:	304 - 320 mm
Spurweite vorne:	198 mm
Spurweite hinten:	198 mm
Reifendurchmesser vorne:	132 mm
Reifendurchmesser hinten:	132 mm
Reifendurchmesser innen:	57 mm / 2,2 Zoll
Reifenbreite v/h:	56 mm
Gewichtsverteilung v/h:	50 / 50 %

Die Konstruktion

Vorderachsaufhängung:	3 - Link, zwei Längslenker, ein Dreieckslenker
Chassis:	Aluminium Rahmen, Getriebe als tragendes Element
Hinterachsaufhängung:	3 - Link, zwei Längslenker, ein Dreieckslenker
Differential:	optional vorne Metallzahnräder, hinten nein

Ausstattung

Fernsteuerung:	Pistolensteuerung, zwei Kanäle
Motor:	27 Turns, 540er-Bauart
Servo:	Hi-Torque Standardgröße
Tank:	Akku 7,2 V
Gewicht:	1588 g Werksangabe
Vertrieb:	Robitronic, Güntherstraße 11, A - 1150 Wien
Bezugsquelle:	Handel / Internet

Der Copperhead von RC4WD als ARTR ▶

Der AX10 von Axial ist ein schneller Einstieg in den Crawl-Bereich. Ein Fahrzeug, das sich mit seinem bewährten Chassis überall zu Hause fühlt. Zum Wettbewerb fehlt ihm der feinfühlige Regler mit entsprechendem Bremsverhalten. Aber dies lässt sich ja individuell anpassen. Neben diesen reinen RTR gibt es die Einstufung als ARTR.

Einstufung als ARTR

Die Auslieferung erfolgt bei ARTR als rollendes Chassis. Die Qual der Wahl nach Motor, Regler, Servo und RC-Anlage obliegt dem Fahrer. Segen und Fluch an dieser Stelle. Der Modellfahrer mit etwas Erfahrung kann hier loslegen und die Technik seinen Vorstellungen nach aussuchen und einbauen. Einsteigerfahrer sind auf die gute Empfehlung ihres Händlers angewiesen. Ein Vertreter der ARTR 4×4 kommt aus dem sonnigen Kalifornien von RC4WD. Der Copperhead ist einer von drei Vertretern aus dem Hause RC4WD, der der Shafty und Tuber Fraktion zuzuordnen ist. Der Gitterrohrrahmen als zentrales Rückgrat und Kardanwellen im Antrieb stehen für diese Einteilung verantwortlich. Alle Schraubverbindungen sind metrisch und überwiegend mit Inbusschrauben versehen.

RC4WD sieht die ARTR-Reihe durchaus im Wettbewerb

   Ich gehöre zu den Modellbauern, die alles direkt anfassen müssen. (Einige Modellbaufreunde können ein Lied davon singen, Verbindungen mussten danach schon mal verstärkt werden) Hier kann man aber getrost anfassen. Das „Tube Chassis", also der Stahlrohrrahmen, bietet ein stabiles Rückgrat für den Schleicher. Der Rohrrahmen ist im WIG-Schweißverfahren gefertigt. WIG steht für Wolfram-Inert-Gasschweißen. Im Englischen wird auch der Begriff TIG oder auch GTAW genutzt. In beiden Begriffen steht T für Tungsten, dem Englischen Begriff für Wolfram. Ein Vorteil dieses Schweißverfahrens ist die relativ kleinflächige Einbringung von Wärme. Somit verzieht sich das zu schweißende Material weitaus weniger. An diesem Rohrrahmen sind an Aluminium-Längslenkern in Verbindung mit Schräglenkern die beiden Achsen geführt. Die Federung übernehmen hochwertige Stoßdämpfer mit doppelten Schraubenfedern. Die Federkennung lässt sich am Rändelrad direkt am jeweiligen Stoßdämpfer um 12 mm verändern. Pro Stoßdämpfer stehen vier Anlenkpunkte am Rahmen zur Verfügung. Dadurch lässt sich das Federverhalten zusätzlich verändern. Die erste Kontaktaufnahme zeigt neben dem stabilen Stahlrahmen aber auch, dass alle Schrauben nachgezogen werden müssen. Es ist halt alles nur fast fertig zum Fahren!

   Der Copperhead gibt schon mehr Möglichkeiten für die Individualisierung des Crawlers frei. Der Hersteller empfiehlt für den Einsatz bei Competitions den Einsatz von Aluminium-

Tabelle 3: Technische Daten		
Fahrzeug:	RC4WD Copperhead	
Maßstab:	1:10	
Klasse:	Rock-Crawler / Shafty /Tuber	
Länge:	445 mm, (17,5 Zoll)	
Breite:	254 mm, (10 Zoll)	
Radstand:	318 mm, (12,5 Zoll)	
Spurweite vorne:	200 mm	
Spurweite hinten:	200 mm	
Reifendurchmesser vorne:	140 mm	
Reifendurchmesser hinten:	140 mm	
Reifendurchmesser innen:	57 mm (2,2 Zoll)	
Reifenbreite v/h:	51 mm	
Gewichtsverteilung v/h:	50 / 50 %	
Die Konstruktion		
Vorderachsaufhängung:	4 - Link	
Chassis:	WIG Geschweißter Stahlrohrrahmen	
Hinterachsaufhängung:	4 - Link	
Differential:	nein	
Ausstattung		
Fernsteuerung:	nicht enthalten	mindestens 2 Kanäle
Motor:	nicht enthalten	540er-Bauart
Servo:	nicht enthalten	Standardgröße
Tank:	nicht enthalten	Lipo 2S
Vertrieb:	store.rc4wd.com / autorisierter Fachhandel	
Bezugsquelle:	Handel / Internet	

gehäusen an den Achsen. Dies zeigt aber auch, das RC4WD diesen Tuber durchaus auch bei Wettbewerben sieht. Die Fähigkeiten des gefühlvollen Fahrens im schwersten Gelände kommen hier auch schon weitaus deutlicher zum Vorschein als bei dem vorher genannten RTR. Das ganze Konzept ist ernsthafter in Richtung Vergleich mit Anderen gewichtet. Die Anpassung an das eigene Können und den eigenen Fahrstil ist möglich und gewollt.

The competition is calling

Im Bereich Crawler habe ich bisher keine Competition gefahren. Es fehlt am geeigneten Terrain zum Trainieren. Und wie schon an anderer Stelle erwähnt, bedarf es der artgerechten Haltung jeden Offroaders, damit der Spaß am Hobby erhalten bleibt. Die beiden zuvor genannten Vertreter waren somit ein Urlaubsintermezzo.

Wie sich also dem Thema Wettbewerb-Crawler nähern? Und welches Fahrzeug soll als Beispiel genommen werden? Diese Frage besprach ich mit Andreas Heinzinger vom Crawlerkeller-Shop.de. Er ist erfahrender Competitionfahrer und hat sein Hobby zum Beruf machen können. Er empfahl mir den Axial XR10. Dieses Fahrzeug wird als Bausatz geliefert. Der Modellbauer muss direkt von Anfang an alles selbst aufbauen und lernt so sein Fahrzeug von der Pike auf kennen. Der XR10 ist ein

Erste Testfahrt mit dem MOA in den Holzscheiten

Beim Shafty beschränken die Kardanwellen die Bauchfreiheit

MOA-Vertreter; MOA = Motor on Axle. Dies bedeutet, dass pro Achse ein Motor zum Einsatz kommt. Diese sind nicht im Bausatz enthalten. Auch nicht enthalten sind der oder die Fahrregler. Je nachdem mit welchem Fahrer man spricht, werden zwei Regler oder aber ein DIG, dazu kommen wir später zu, empfohlen.

Die Unterschiede zwischen MOA und Shafty?

Beim „Shaft Drive", dem Antrieb mit Kardanwellen, sitzt die Antriebseinheit aus Motor und Getriebe in der Regel beim Crawler zentral in der Mitte des Fahrzeuges. Um diesen Punkt herum ist das Fahrzeug aufgebaut. Durch den zentralen Einbau und dem Wunsch nach viel Bauchfreiheit folgend, liegt diese Einheit aus Motor und Getriebe recht hoch. Dadurch bedingt liegt auch der Schwerpunkt, englisch C.O.G. = Center of Gravity, hoch im Fahrzeug.

Bei einem MOA Aufbau liegen die beiden Motoren direkt, in der Regel quer eingebaut, an den Achsen. Der C.O.G liegt somit tiefer als beim Shafty. Ein weiterer Punkt ist die Art des Motoreinbaus. Wie bereits genannt sind beim MOA die Motoren quer eingebaut, beim Antrieb über Kardanwellen ist der Motor längs eingebaut. Das Drehmoment des Motors überträgt sich somit in das Fahrzeug und dreht den 4×4 immer verstärkt in Drehrichtung. Am Hang, in Schräglage, kann dieser Umstand den Absturz bedeuten. Dabei ist auch der sogenannte Torquetwist, das Verdrehen der Achsen zum Rahmen, zu beobachten. Der MOA verhält sich hier neutral.

Die Kardanwellen führen vom Getriebe in der Mitte des Fahrzeuges zu den Achsen. Die Kardanwellen sind mechanische Teile, welche beim Fahren um jeden Millimeter später im Weg stehen können. Nicht nur, dass sie sich an Felsen verhaken können, sondern auch, dass diese beschädigt werden können, ist als Minuspunkt beim Shafty zu werten. Auch benötigt jedes Teil, was sich dreht, Energie, die am Rad später fehlt. Die Abschaltung einer Achse, das DIG, ist bei einem Fahrzeug mit Kardanwellen nur mechanisch möglich. In der Regel erfolgt diese mechanische Abschaltung an der Hinterachse, damit das Fahrzeug enger um die Kurve ziehen kann. Beim MOA sind zwei Motoren im Einsatz, die unterschiedlich angesteuert werden können. Hier stehen zwei Möglichkeiten an. Zum einen der Einsatz von zwei einzelnen Reglern, ein Regler pro Motor. Hierdurch lassen sich die Motoren nicht nur ganz anhalten, sondern sogar proportional ansteuern. Zum anderen ein Punk-DIG, ein separater Baustein der hinter den Regler und vor die Motoren geschaltet wird, hierbei wird ein Motor jeweils kontrolliert kurzgeschlossen und somit festgestellt. Bei der Variante mit zwei Reglern ist über die

Der MOA schleicht leicht über die Kante

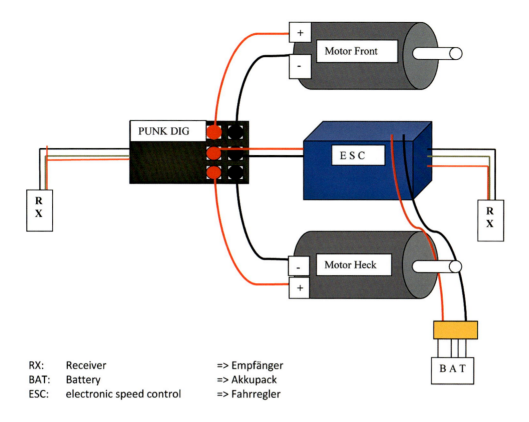

RX: Receiver => Empfänger
BAT: Battery => Akkupack
ESC: electronic speed control => Fahrregler

Mischfunktion der RC-Anlage, wenn vorhanden, auch die generelle Aufteilung der Antriebsleistung möglich. Es kann durchaus förderlich sein, die Vorderachse permanent stärker arbeiten zu lassen. Ein vollständiger Stopp eines Motors ist mit zwei Reglern natürlich auch möglich. Es spricht scheinbar alles für den MOA. Ein kleiner Wermutstropfen spricht gegen den MOA-Aufbau. Beim MOA liegen die Motoren tief und sind somit ggf. durch Nässe und Dreck mehr gefährdet. Sauberes Wasser macht den Motoren so schnell nichts, wenn ich auch kein Fan davon bin, den Motor zu fluten. Der Dreck könnte im Laufe der Zeit erhöhten Verschleiß der Lager bedeuten. Schauen wir uns das Punk-DIG einmal näher an. Hier im Testfahrzeug von Crawlerkeller-Shop.de kommt ein Punk-DIG zum Einsatz. Für den Einsteiger in die Competition-Klasse wohl die einfachere Wahl, da die Achsen kontrolliert ganz ab und zugeschaltet werden.

Vor der Montage der elektrischen Komponenten sollte man sich der Verkabelung bewusst sein. Es gibt wohl nichts ärgerliches, als sich durch Verpolung eine teure Komponente zu zerschießen. Ein Schaltplan liegt dem Punk-DIG leider nicht bei und ist im Internet mit ein wenig Mühe auch zu finden. Dieser Plan bestätigte die gezeigte Schaltung.

Aber wir greifen vor: Bevor die Motoren und die Elektronik ihren Platz finden, bedarf es der Montage des Chassis. Der XR10 kommt als Bausatz und will erst montiert werden. Die detaillierte Bauanleitung liegt dem Karton bei und führt durch die einzelnen Bauabschnitte. Ein Blick auf die Technik lohnt sich hier. Axial beschreibt den XR10 Bausatz ohne Kompromisse fertig für den harten Wettbewerb.

Die Achsen

Die Achsen bestehen aus langlebigem Verbundkunststoff. Direkt in den Achsen integriert sind die Getriebe, die selbstredend komplett kugelgelagert sind. Der Antriebsstrang ist komplett gesintert, eine Auslegung, die dem harten Wettbewerbseinsatz geschuldet ist. Übersetzungsverhältnisse von 27,9:1 bis zu 44,2:1 sind beim Einsatz von Motorritzeln mit 12 bis 19 Zähnen möglich. Dennoch findet man im Zubehör Zahnradsätze, die speziell gehärtet sind. Dies spricht entweder für die Geschäftstüchtigkeit des Zulieferers oder gegen die originalen Zahnräder. Auch Axial selbst bietet einen Tuning-Satz für das Getriebe an, verbindet hier aber Leichtbau (15 % weniger rotierende Massen) mit höherer Festigkeit.

Der Testzeitraum war zu kurz, um hierauf eine Antwort zu erhalten. Durch den Einsatz von unterschiedlichen Motorritzeln kann mechanisch ein „Overdrive" installiert werden.

Ein Blick ins Getriebe, Tuning gibt es vom Hersteller

Beim Overdrive dreht die Hinterachse langsamer als die Vorderachse. Dadurch verringert sich der Wendekreis eines Fahrzeuges. Im Gegensatz zu den Nicht-Wettbewerbsachsen, wie die des Axial Wraith, sind die Achsen im Profil sehr flach gehalten. Dies ist möglich, da die Untersetzung in der Achse nicht allein durch eine Kegelradpaarung entstehen muss. Ein großes Differentialgehäuse kann somit entfallen.

Kreuzgelenke für einen großen Lenkeinschlag von 45° sind selbstverständlich. Durch das Fehlen von Knochen in den Achsschenkeln und hoher Präzision der Zahnräder ist kaum Totspiel zu erkennen. Der nicht senkrechte Einbau der Achsschenkel wurde schon an anderer Stelle thematisiert und sorgt auch hier dafür, dass der Drehpunkt der Vorderachslenkung unter dem Rad liegt und somit die Lenkkräfte nicht unnötig in die Höhe treibt.

BTA

Die Spurstange des XR10 ist besonders geführt. „Behind the axle" wird hier besonders groß geschrieben. Die Spurstange liegt nicht nur hinter der Achse, sondern wird in der Achse geführt. Von den Enden der verdeckten Spurstange führen verstellbare Arme zu den Achsschenkeln. Der Servo liegt auf der Achse und steuert vor der Achse die kurze Seite zum Achsschenkel über eine Spurstange an.

An der Vorderachse lässt sich die Lage des Motors durch Verstellen der Achsfäuste variieren. Dadurch kann der Motor höher oder tiefer an der Achse angestellt werden, somit verändert sich der C.O.G. und die Bodenfreiheit. Im Wettbewerb sind XR10 zu beobachten, an denen die Fahrer auf die werkseitig verbaute Lenkstange verzichten und ihrerseits eine Titanstange aus dem Zubehör nutzen.

Die Spurweite

Ein vergleichender Blick auf die Vorder- und Hinterachse zeigt, dass die Hinterachse mit 241 mm Außenkante Reifen/Reifen 19 mm

BTA, die Spurstange wird in der Achse geführt

schmaler baut als die Vorderachse. Beim Wettbewerb kann dies die entscheidenden Millimeter bedeuten. Hat das Fahrzeug mit der breiteren Vorderachse bereits ein Tor passiert, ist die schmälere Hinterachse von Vorteil und spart ggf. Strafpunkte.

Die Achsaufhängung

Sie ist sehr variabel gehalten. Die obere Aufnahme der Stoßdämpfer lässt sich in sechs unterschiedlichen Positionen feststellen, dazu gesellen sich am selben Bauteil vier Aufnahmepunkte für das obere Dämpferauge. Allein hier gibt es eine Auswahl von 24 unterschiedlichen Einstellungsmöglichkeiten. An den Achsen selbst gibt es ebenfalls verschiedene Punkte für die Aufnahme der Stoßdämpfer und der Längslenker. Durch die Vielzahl der Aufnahmepunkte lässt sich ein Phänomen minimieren. Man spricht von „anti-Squat", ein Begriff, den ich erst im Zusammenhang mit diesem Fahrzeug kennen

Die Vorderachse ist um 19 mm breiter als die Hinterachse ▼

Qual der Wahl, welche Einstellung ist für den Fahrer die beste?

gelernt habe. Gemeint ist das Abtauchen der Hinterachse beim Anfahren. Das hintere Ende der Querlenker wird niedriger gelagert als das vordere, dadurch taucht die Hinterachse weniger ein und die Vorderachse wird weniger entlastet. Ein Umstand, der dem Vortrieb zu Gute kommt. Eine schier unbegrenzte Variantenanzahl lässt das Profiherz höher schlagen. Der Einsteiger mag verschreckt zurückweichen. Hier zeigt sich schon ein wichtiger Punkt, um die Qualitäten des XR10 auszureizen bedarf es vieler Trainingsstunden.

Felgen und Reifen

Die Mechanik des XR10 steht somit fertig vor einem. Es fehlen noch vier wesentliche Mitspieler. Die Felgen und ihre Reifen. Felgen sind im Lieferumfang enthalten. Zur Senkung des Schwerpunktes kommen die Felgen direkt mit zwei Gewichtssystemen an den Start. Das Gewichtssystem #1 besteht aus einem geteilten Bleiring, der direkt um die Felge gelegt wird. Die beiden Ringhälften werden miteinander verschraubt und liegen so fest an der jeweiligen Felge. Um den Bodendruck zusätzlich variieren zu können, liegen Bleigewichte bei, die immer paarweise, jeweils auf der gegenüberliegenden Seite eingeschoben werden können. Die seitengleiche Montage würde zur verstärkten Unwucht der Felge führen.

Wem das noch nicht genügt, der kann von außen Rundgewichte in die Felge schieben. Diese ähneln optisch Patronenhülsen und werden durch eine Klemmvorrichtung gehalten. Diese Gewichtszugabe war am Testwagen nicht moniert. Der aufmerksame Leser hat schon gesehen, dass hier nur von Felgen im Lieferumfang die Rede war. Reifen gehören nicht dazu und müssen gesondert gekauft werden. Hier entscheidet die Erfahrung oder die gute Beratung. Ich habe mich auf letzteres von Andreas Heinzinger vom Crawlerkeller-Shop.de verlassen. Zum Einsatz kommen HB Sedona-Reifen white. White steht in diesem Fall für „soft", also die weiche Gummimischung. Dazu gesellt sich eine spezielle Reifeneinlage. Memory Foam, Gedächtnisschaum, ist das Zauberwort. Die Formgedächtnis-Polymere „erinnern" sich an ihre ursprüngliche runde Form und kehren in diese beim Walken des Reifens immer wieder zurück. Der Reifen bleibt so, auch nach den heftigsten Deformationen, immer schön rund. Me-

▸ Die Klippe wird langsam angefahren…

▲ Die Reifen kleben förmlich an den Felsen, ein Anfahren ist bergauf möglich

▸ …vorsichtig überfahren…

…die Vorderreifen erreichen den Boden…

…und ziehen den MOA mit leichtem Einsatz des DIG vorsichtig weiter

chanisch ist somit alles an seinem Platz und das Chassis steht vor einem. Es fehlt die Elektronik.

Das Punk-DiG habe ich anfangs schon angerissen. Das DiG schaltet grundsätzlich eine Achse ab. Darin sind alle DiGs, egal ob mechanisch oder elektronisch, identisch. Neben dem obligatorischen Empfänger findet sich ein Fahrsteller von Tekin. Der Tekin-FXR erlaubt das gefühlvolle Fahren vorwärts wie rückwärts. Der Winzling kommt nicht ganz fertig aus der Packung. Der Kondensator muss noch seinen Platz am Regler finden und angelötet werden. Hierbei muss die Polung zwingend beachtet werden. Bei der Größe des Reglers ist ein belastbares BEC eher Mangelware. Daher gesellt sich ein externes BEC von castle mit in die Reihe der Elektronikbausteine. Das BEC, Battery Eliminator Circuit, wird direkt an die Stecker zum Akku eingelötet und entlastet so den Fahrregler. Je nach Leistungsfähigkeit des Servos kann die Voltzahl angepasst werden. Womit wir beim Lenkservo angekommen sind. Das Hitec HS-7590TH liefert bei 6 V eine Stellkraft von 29 kg. Bei 7,4 V stehen sogar 35 kg an. Die Einstellmöglichkeiten des castle BECs sind hier also an der richtigen Stelle. Zuguterletzt kommen noch die beiden Motoren, hier Torque Master mit je 45 Turns Bürstenmotoren mit reichlich Drehmoment. Die einzelnen Komponenten sinnvoll im Chassis unterzubringen war etwas knifflig. Sonst habe ich immer mehr Platz zur Verfügung. Es hat aber alles gepasst.

Nachdem nun alles an seinem Platz ist und der 3S-800-mAh-Akku geladen ist, kann es endlich zum Fahren gehen – wie immer erst im Keller. Die Hindernisse sind ein Witz für den XR10. Die Reifen packen einfach überall. Also noch das Auto aufhübschen, so weit das bei einem Crawler geht – und raus in die Wildbahn.

Verschränkung ist wichtig, damit kein Reifen den Kontakt verliert ▼

Die Wahl der Teststrecke, die das Auto fordert, ist hier leider Mangelware. Somit war die erste Teststrecke, die mich auch näher mit dem Crawler verbinden konnte, ein Haufen Holzstücke.

Es überrascht mich als Trialero immer wieder, wo ein Crawler überall hoch und lang kommt. Und ich kratze sicherlich nur an der Oberfläche der Möglichkeiten, die in diesem MOA Competition-Crawler stecken. Nach der erfolgreichen Holzüberquerung fand sich auf dem Heimweg im Elsbachtal bei Grevenbroich noch ein Steinhaufen, den die Rheinbraun bei der Rekultivierung des Geländes hier scheinbar wahllos abgekippt hat. Das ideale Gelände für mich und den XR10 zum Üben. Im Laufe der Zeit fasst man Vertrauen zum Fahrzeug und zu den eigenen Fähigkeiten. Bilder sprechen hier mehr als tausend Worte. Es zeigt sich hier wieder, artgerechte Haltung ist das A & O beim gemütlichen Offroad.

Fazit

Beim Kauf eines solchen Fahrzeuges sollte man auf die eigene Erfahrung oder aber die eines erfahrenen Händlers zurückgreifen. Die Kosten für ein solches Fahrzeug sind zu hoch um das mal eben auszuprobieren. Mir hat die Testfahrt mit dem Axial XR10 sicherlich Spaß gemacht, mangels Gelände wird es ein Test bleiben. Vielen Dank an den Crawlerkeller-Shop.de, insbesondere Andreas Heinzinger, der mich tatkräftig unterstützt hat.

Tabelle 4: Technische Daten

Fahrzeug:	Axial XR10
Maßstab:	1:10
Klasse:	Rock-Crawler / MOA
Breite: mm	260 (10,24 Zoll)
Radstand:mm	318 mm (12,5 Zoll) max
Spurweite vorne:	mm 260
Spurweite hinten:	mm 241
Reifendurchmesser vorne:	nicht im Lieferumfang
Reifendurchmesser hinten:	nicht im Lieferumfang
Reifendurchmesser innen:	57 mm / 2,2 Zoll
Reifenbreite v/h:	nicht im Lieferumfang

Die Konstruktion

Vorderachsaufhängung:	4 - Link
Chassis	Aluminium-Verbundkunststoff
Hinterachsaufhängung:	4 - Link
Differential:	nein
Bezugsquelle:	guter Fachhandel

Danksagung

Dieses Buch hat mich wieder lange in den Bann gezogen. Es hat viele Stunden am Schreibtisch, im Keller und im Gelände gebraucht um es fertig zu stellen. Einer hat es geschrieben, doch viele haben geholfen. Mein Dank gilt allen, die mich mit Rat und Tat unterstützt haben. Besonders danken möchte ich meiner Frau Bettina und meinen Kindern Nicolai und Lara, die nicht gemeckert haben, wenn ich mal wieder stundenlang im Keller verschollen war. Mein Dank gilt auch den Herstellern; AFV Modellbau GmbH, S.D.I, RC4WD ,dem Crawlerkeller-Shop.de und RC-WELT.EU, die mich entsprechend unterstützt haben. Danke auch an Christian, dessen Unimog ich hier vorstellen durfte. Danken möchte ich auch Harald „Onkel Schrott", der Korrektur gelesen hat.

Danke an alle! Und mein Dank gilt natürlich Ihnen als Leser, der dieses Buch gekauft hat. Wir sehen uns gemütlich Offroad!

Arnd Bremer

Der größte ALUMINIUM-ONLINESHOP für Kleinmengen

UNSERE FLEXIBILITÄT IST IHR VORTEIL

www.alu-verkauf.de

T20

- Truck-Trial Spezial-Fahrtregler
- Anfahrhilfe & Zusatzbremse
- 20A/16kHz 7,2V & 12V
- 3A/5V BEC Empfänger-Versorgung

S20

- Universeller Truck-Fahrtregler
- Bremslicht, Rückfahrlicht
- 20A/16kHz 7,2V & 12V, auch Lipo
- 3A/5V BEC Empfänger-Versorgung

Fahrtregler - Lichtanlagen - Soundmodule - Getriebemotoren - 2.4 GHz Modellfunk

Unser vollständiges Programm finden Sie unter www.servonaut.de
Kostenlosen Katalog bitte anfordern!

www.servonaut.de
mail@servonaut.de   tematik GmbH   Feldstraße 143   D-22880 Wedel

Fon 04103 - 808989-0
Fax 04103 - 808989-9